銀河の育ち方

Evolution of Galaxies

銀河の育ち方
宇宙の果てに潜む 若き銀河の謎

Yoshiaki Taniguchi
谷口義明

地人書館

まえがき

　私は銀河が大好きです。1000億個もの星々を従え、宇宙を悠々と旅をしている銀河には憧れに近い気持ちさえ持ちます。
　その憧れは、やはり銀河の持つきれいな形にあるように思えます。美しい渦巻腕を持った円盤銀河から、のっぺりと楕円のように見える楕円銀河まで銀河はいろいろな形をしています。一つとして同じ形をした銀河はありません。まるで人間がそうであるように。
　さて、このように個性的な銀河たちは、いつ、どのようにして生まれたのでしょう？　そして、どうやって育ってきたのでしょう？
　銀河の年齢は100億歳を超えているといいます。きっとその間に、いろいろなことを経験してきたに違いありません。
　「銀河のことをもっと知りたい」
　そう思うのは私だけではないように思います。
　そこでこの本では、銀河誕生の秘密や、100億年以上に及ぶ銀河の歴史を皆さんにご紹介したいと思います。銀河についてはまだまだわかっていないことの方が多いのが現状です。しかし、いま、私たちが銀河について知っていることをまとめ、次にどんなことをすればさらに理解が深まるかを考えておくことは、いつの時代でも大切です。それを皆さんと一緒に考えてみたいと思います。
　しばらくの間、日常を忘れ、美しい銀河の世界を探訪してみましょう。私もそうさせていただきます。
　旅立ちです。銀河の世界へ。

アメリカ合衆国ハワイ州ハワイ島ワイメアのケック天文台にて
2001年3月

目　次

まえがき　　　　　　　　　　　　　　　　　　　　i
目次　　　　　　　　　　　　　　　　　　　　　　ii
本書を読む前に　　　　　　　　　　　　　　　　　iv

第1章　銀河 ── 美しき誤解　　　　　　　　　　 1
　　1.1　美しき銀河　　　　　　　　　　　　　　 2
　　1.2　銀河を分類する　　　　　　　　　　　　 7
　　1.3　銀河分類の意味　　　　　　　　　　　　12
　　1.4　銀河分類の無意味　　　　　　　　　　　16

第2章　銀河の育ち方 ── 蒼き狼の伝説　　　　　21
　　2.1　星を作る銀河　　　　　　　　　　　　　22
　　2.2　スターバースト　　　　　　　　　　　　26
　　2.3　数十億年前の銀河たち　　　　　　　　　33
　　2.4　100億年前の銀河たち　　　　　　　　　 41

第3章　銀河の育ち方 ── 赤い繭の伝説　　　　　49
　　3.1　暗黒星雲の秘密　　　　　　　　　　　　50
　　3.2　ウルトラ赤外線銀河　　　　　　　　　　57
　　3.3　若きウルトラ　　　　　　　　　　　　　65
　　3.4　はじけるウルトラ　　　　　　　　　　　73

第4章　銀河 ── 美しき誤解、ふたたび　　　　　81
　　4.1　美しき銀河の意味　　　　　　　　　　　82
　　4.2　銀河は分類できるのか　　　　　　　　　89
　　4.3　銀河は育つ　　　　　　　　　　　　　　97
　　4.4　銀河は語る　　　　　　　　　　　　　 108

あとがき　　　　　　　　　　　　　　　121

補　遺　　　　　　　　　　　　　　　123
　　補遺1　星に関する基礎知識　　　　124
　　補遺2　水素原子の電離と再結合輝線　129
　　補遺3　赤方偏移　　　　　　　　　130
　　補遺4　ハッブルの法則　　　　　　132
　　補遺5　宇宙モデルと宇宙年齢　　　133
　　補遺6　天体の等級　　　　　　　　136
　　補遺7　星間ガスによる吸収　　　　138
　　補遺8　潮汐力による銀河形態の変形　140

図・表の出典　　　　　　　　　　　　141
索　　引　　　　　　　　　　　　　　146

コラム
　　天文学者という商売　　　　　　　7
　　天文学で使われる距離の単位　　　11
　　銀河の回転とダークマター　　　　15
　　アメリカのお菓子　　　　　　　　30
　　活動銀河核とクェーサー　　　　　44
　　円盤銀河の構造　　　　　　　　　85

本書を読む前に

　本書の目的は「銀河とは何か?」という問題についてみなさんと一緒に考えることです。特に意識したことは、銀河の100億年以上に及ぶ歴史を紐解きながら、銀河について考えてみる、という点です。

　これはとてもむずかしいことで、その意味では解説書の域を超えて、教科書的な部分もあります。しかし、なるべく数式は使わずに、銀河にまつわる基礎的なことについてお話するようにしました。

　そもそも、私たち人類はまだまだ銀河のすべてを理解しているわけではないのです。天文学者といえどもです。大切なことは、まず銀河になじむことです。そして、少しずつ理解を深めていくことです。「千里の道も一歩から」最近、こういう格言の意味がよくわかるようになってきました。みなさんも、細かいことは気にせずに、まず銀河の世界を楽しんでください。

　さて、本書を読み進んでいく上で、読者の皆さんが何か違和感があるように思われるとすれば、それは単位系のことかもしれません。なにしろ宇宙は大きいので、私たちが日常的に慣れ親しんでいる世界とは桁外れです。メートル(m)とかキログラム(kg)、あるいは1時間などという単位はあまり意味をなしません。

　長さの単位では光が1年間に進む距離、1光年($\simeq 10^{16}$m)、などが使われます。その一方で、電磁波の波長についてはミクロン(μm $= 10^{-6}$m)を使ったり、オングストローム(Å $= 10^{-10}$m)やナノメートル(nm $= 10^{-9}$m)を使ったり、といろいろです。これらは1μm $= 10000$Å $= 1000$nmというふうにまとめることができます。

　可視光帯では、天文学者は一般にオングストロームを使います。しかし、物理学者はナノメートルを使います。ミクロンという単位は赤外線の波長をいうときには頻繁に使われます。

　なんだか、こういうことを聞くと、げんなりされるかも知れません。しかし、研究分野によって、あるいは波長帯によって呼び方が異なるのは、人間の習性のひとつだと思ってあきらめるしかありません。ここでも「細かいことは気にしない」という大物ぶりを発揮して、乗り切ってください。

　心の準備はオーケーですか?　では、出発です。

第1章　銀河 ── 美しき誤解

Keywords

銀河円盤　disk
バルジ　bulge
円盤銀河　disc galaxy
楕円銀河　elliptical galaxy
S0銀河　S0 galaxy
ハッブル分類　Hubble classification

1.1 美しき銀河

> 渦巻銀河は素人目にも美しく感じられ、楕円銀河はつまらなく見える。しかし、銀河本来の「美しさ」は、その見かけの姿ではなく、研究を通して見えてくる物理的な性質にこそある。

　私が天文学に興味を持った最大の理由は「銀河が美しい」からです。中学生の頃、友人が教室で見ていた天文の雑誌にいくつか銀河の写真が掲載されて、その美しさに心惹かれたのです。高校に入学した頃、小さな望遠鏡を買ってもらい、天文学にますますはまっていきました。高校では天文部に入り、仲間と宇宙の話をするのがとても楽しかったことを記憶しています。

　しかし、口径10cmぐらいの小さな望遠鏡では限界があります。月の表面のクレーターや明るい惑星（木星や土星など）の観望は楽しめます。しかし、淡いガス星雲や銀河は、望遠鏡で見てもただぼんやりと見えるだけで、フラストレーションがたまりました。結局、銀河などは天体写真集を見て、その姿を楽しむのが手っ取り早い方法でした。怠け者の私のことです。望遠鏡を出して、夜空をながめる回数はだんだん減り、家の中で本を読むことの方が多くなりました。

　本を読んでわかったことは、銀河が実にいろいろな形をしていることです（図1.1）。その中でも、きれいな渦巻を持った渦巻銀河はほんとうに見ごたえがあります。宇宙には渦巻銀河だけでなく、楕円銀河と呼ばれるものもあります。銀河の形が見かけ上、楕円型に見えるので楕円銀河と呼ばれていますが、実際には球形だったり、あるいは球を押しつぶしたり（アンパンのような形）、引き伸ばしたりしたような形（ラグビーのボールのような形）をしています。見かけは退屈（?）ですが、詳しく調べてみるとそれなりに深みのある銀河だということがわかります。しかし、私たちがこのような銀河の世界を認識するようになったのは20世紀に入ってからのことです。

　典型的な銀河には約1000億個もの星々があります。大きさは、ざっと10万光年。つまり、光のスピードで銀河の端から端まで横断したとしても10万年

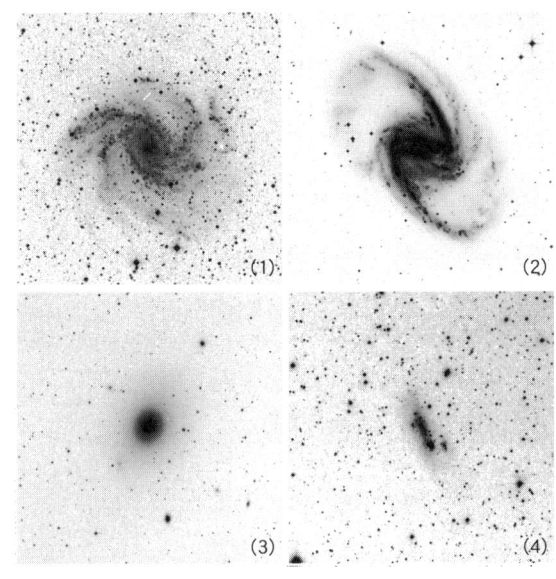

図1.1 いろいろな形をした銀河
(1) 渦巻銀河NGC2997
(2) 棒渦巻銀河NGC1365
(3) 楕円銀河NGC4472
(4) 不規則銀河NGC2366
NGC（エヌ・ジー・シー）：正式名称は、New General Catalogue of Nebulae and Clusters of Starsで、1888年に出版された。銀河だけではなく、天の川銀河の中にある散開星団、球状星団、ガス星雲、惑星状星雲なども含む総合的なカタログ。7840もの天体が載っている。

かかることになります。私たち人類が実感できる範囲を遥かに超えた、とてつもない大きさです。

　私たちの住むこの宇宙には、ざっと1000億個もの銀河があると考えられています。これまたとんでもない数字です。どれ一つとして同じ形をしている銀河はありません。つまり、宇宙には1000億種類の銀河があるといっても過言ではありません。そして私たちが住んでいる天の川銀河もその一つにすぎません。もちろん特別な銀河ではありません。宇宙は広い。素直にそう思えるような気がします。

　私たち人類は、自分の住んでいる場所がある意味では世界の中心だと思ってしまいます。しかし、私たちは、自分の住んでいる場所が、実は半径約6400kmの地球表面の一部であることを知っています。では、地球が宇宙の中心なのでしょうか？　それも違います。私たちは、地球が「太陽」と呼ばれる原子核融合でエネルギーを放射している「星」のまわりを回っている第3番目の惑星であることを知ることになります。いわゆるコペルニクス的転回です。そして、その母なる太陽ですら宇宙の中心ではないことを知り、愕然とします。天の川銀河と呼ばれる巨大な星の大集団の中のたった一つの星であることを知る

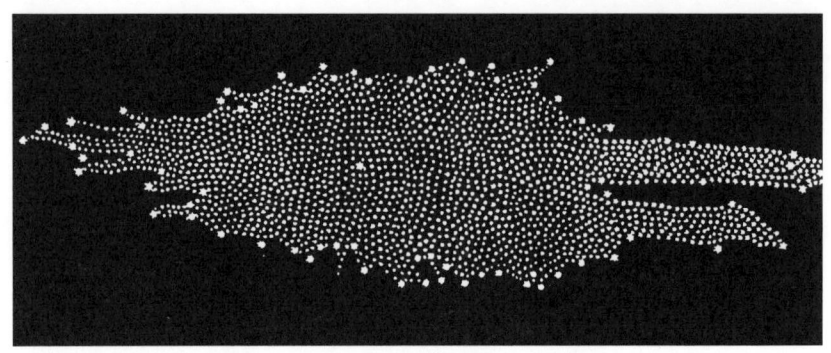

図1.2　ハーシェルの考えた宇宙（1785年公表）

のです（ちなみに天の川が星の集団であることに最初に気が付いたのはガリレオです）。

では、天の川銀河が宇宙なのでしょうか？　18世紀後半、この問題に挑戦した人がいました。ハーシェル（W. Herschel）博士です。彼は星の見かけの分布を調べることで、"宇宙"は円盤の形をしていることを見出しました（図1.2）。そして、太陽はその円盤の中心に近いところにあると考えたのでした。しかし、彼の調べた"宇宙"は、まさに天の川銀河だったのです。はたして、天の川銀河が宇宙なのでしょうか？　この問題の決着は何と20世紀にまで持ち越されました。

当時、ぼんやりと見える天体は「星雲（ネビュラ、nebula）」と呼ばれていました。この星雲の中には、「アンドロメダ星雲」のように渦巻を持つものがあり、これらの渦巻星雲の正体が論争の的になっていました。天の川銀河の中にある星雲なのか、あるいは天の川銀河のはるか遠くにある天体（「島宇宙」と呼ばれていました）なのかが大きな問題だったのです。1920年代の頃です。現在の常識から見れば、とんでもなく低いレベルのお話のように思えるかもしれません。しかし、このような問題を乗り越えてきたからこそ、現代の天文学があるということを理解しなければなりません。

渦巻星雲の性質が少しずつでもわかってきたのは、1900年代に入ってからです。まず、運動速度です。観測されたほとんどの渦巻星雲は数百km/sの速度で私たちから遠ざかっていることがわかりました（ちなみにアンドロメダ

星雲は約300km/sの速度で私たちに近づいてきています)。天の川銀河の中の星やガス星雲は、このような大きな運動速度を示しません(せいぜい数km/sの運動速度が典型的な値です)。さらに、渦巻星雲の多くは約200km/sの速度で回転していることもわかりました。これも、天の川銀河の中にあるほかのガス星雲には見られない顕著な特徴です。このようにして、少しずつ渦巻星雲のベールがはがされていきました。

そして、論争に決着がつきました。アンドロメダ星雲までの距離が測定されたのです。ハッブル(E. Hubble)博士はアンドロメダ星雲の中に「セファイド型変光星」と思われる星を20個以上見つけました。セファイド型変光星は変光の周期とその光度の間に非常に良い相関があることがわかっている変光星です。つまり変光の周期を測定すると、自動的に光度が推定できます。推定された光度の星が、見かけの光度になるためにはどのくらい離れていなければならないかがわかります。この方法を使って、ハッブル博士はアンドロメダ星雲の距離が90万光年であることをつきとめました(実は当時のセファイド型変光星の周期‐光度関係は間違っていて、現在ではアンドロメダ星雲までの距離は230万光年と推定されています)。天の川銀河の大きさが10万光年くらいですから、アンドロメダ星雲は天の川銀河とは異なる、一つの独立した銀河であることがわかったのです。1924年のことでした。

このような歴史を経て、1930年代になってようやく人類は「銀河の世界」を認識できるようになったのです。この宇宙には銀河がたくさんあることがわかりました。そして天の川銀河もその中の一つの銀河にすぎないこともわかったのです(図1.3)。天文学の探求は、人類の住む場所をどんどん宇宙の片田舎に追いやる歴史でもありました。しかし、これは人類にとってとても重要な知識です。私たちがなぜここにいて、これからどうしていくのかを考えるためにです。

さて、私が銀河に興味を惹かれたのは、やはり美しい渦巻を持つ渦巻銀河だったように記憶しています。「銀河はなぜこんなに美しいんだろう?」そう思っては、飽きもせず銀河の写真を見ていたのです。しかし、このとき私が美しいと感じたもの。それは単なる見かけの美しさであったような気がしてい

図1.3 天の川銀河の写真。明るく見えている部分が銀河の中心方向。いて座の方向にある。天の川銀河が円盤銀河である様子が見て取れる。円盤部には星だけでなく、ガス(中性原子ガスや分子ガスなど)やダスト(塵粒子)もたくさんある。特に、ダストは星の光を散乱したり吸収したりする。つまり、暗く見えている方向にはダストがたくさんあることになる。

ます。私は銀河本来の美しさに気が付いていなかったと思うのです。それは、銀河の研究をやってきてようやくわかってきたことです。それでも、あのとき「銀河は美しい」と感じてよかったと思います。そのおかげで天文学者の道を選び、大好きな銀河の研究をやってこられたからです。研究は私の抱いていた幻想を打ち砕いたのかもしれません。でも、そのおかげで銀河の本当の美しさに出逢えたのです。

　私は「美しき誤解」をしていた昔の自分に感謝しています。そして、それ以上に「美しい銀河」に感謝しています。銀河の本当の美しさを探す旅に出ることにしましょう。最終章までノンストップです。

1.2 銀河を分類する

銀河は見かけの姿から楕円銀河と円盤銀河に分けることができる。ハッブルは「楕円銀河から円盤銀河へ進化する」という仮説をもとに、そのちょうど中間に位置するようなS0銀河の存在を仮定した。その仮説は間違っていたにもかかわらず、なぜかS0銀河は実際には存在していた。

前節で見たように、銀河はきれいな渦巻腕を持った円盤銀河から、のっぺりと楕円のように見える楕円銀河までいろいろな形をしています。このように個性的な銀河たちは、いつ、どのようにして生まれたのでしょうか？ そして、どうやって育ってきたのでしょうか？ これらの疑問に答えるには100億年以

Column　天文学者という商売

自分の職業を聞かれて、
「天文学者です」
と答えると、ほぼ100%の人がこういいます。
「わあ、ロマンティックですね」

　しかし、そんなことはありません。研究もビジネスで、私たちはいつも何かに追われるように論文を書いています。時には、学会や研究会で発表もしなければなりません。大学に勤めていると、教育も非常に重要な仕事であることはもちろんです。その他にもいろいろな会議があって、それなりに忙しい日々を送っています。
　さらに多くの人が誤解しているのは、「天文学者は毎日、いや毎晩、空を見て過ごしているに違いない」という思い込みです。もちろん天文台に行って仕事をすることも年に数回はあります。そのときですら、私たちがにらめっこしているのは美しい夜空ではなく、望遠鏡やデータを解析するためのコンピュータの画面です。子供の頃、視力が良かった私も、最近では近眼になりつつあります。
　つまり、天文学者はほとんどの時間は会社に勤める人と同じで、オフィスで過ごしています。もちろん、昼間に仕事をします。原稿の締め切りに終われているときは夜遅くまで仕事することもありますが、それも皆さんがやっている残業とたいして変わりません。
「なあんだ」と思われるかもしれませんが、天文学者の生活は、実はそんなものです。
　しかし、これを知ってがっかりして本書を読むのをやめてしまわないで下さい。そんな普通の生活をしているわけですが、やはり楽しい職業であることは確かです。
　その理由は「研究者のやっていることが探偵ごっこみたいだから」です。宇宙をいろいろ調べて、手がかりやヒントを集め、少しずつ宇宙にある天体の正体を突き詰めていく。そんな作業だからです。私などは「自分は銀河探偵団の一員である」と思っているぐらいです。
「単なるアホ」かもしれませんね。

上に及ぶ銀河の歴史を紐解いていくしかありません。

では、どうやって調べたらよいのでしょうか！ 最も直接的な方法は、遠方の暗い銀河を精密に観測することです。なぜなら、遠方の銀河からやってくる光は銀河の昔の姿を教えてくれるからです。その理由は、光(電磁波)のスピードが有限だからです。

光のスピードは秒速30万kmです。もし銀河が私たちから1億光年(光のスピードで進んでも1億年かかる距離で、約10^{24}km)の距離にあると、いま私たちの見ている光は1億年前に銀河を出たことになります。つまり、1億年前の姿を見ていることになるのです。そして100億光年離れている銀河は100億年前の姿ということになります。光のスピードが有限のおかげで、私たちは遠方の銀河を調べて銀河の若かりし頃の様子を研究できることになります。

遠方の(すなわち、若い)銀河を観測する。言うは易くですが、行うは難しです。なぜなら、遠方の銀河はきわめて暗いからです。長く、険しい道のりです。しかし、その前にもう少しだけ「銀河とは何か？」について考えておくことにしましょう。

自然科学において、ある「対象」を研究するとき、まず大雑把な性質を把握するために研究対象の分類・整理を行います。そして、その背後にある物理過程の理解に努めます。たとえば、植物や動物を分類するようなものです。銀河の研究においても然りです。

銀河の分類といえば、ハッブル分類です。ハッブル博士が銀河の分類体系を提案したのは1936年のことです。図1.4に示したように、銀河は「楕円銀河」と「円盤銀河」に大別され、円盤銀河は円盤部に見られる棒状構造の有無で二つの系列を作ります。ギターの調弦に使われる音叉に似ているので、「銀河の音叉分類」と呼ばれることもあります。

円盤銀河は棒状構造の有無とは別に、渦巻腕の開き具合や、銀河の中央部にあるふくらみ(バルジ)の相対的な大きさで細分類されます。バルジが大きく、腕の巻きつき具合がきついものは「早期型円盤銀河」と呼ばれ、逆にバルジが小さく、腕の巻きつき具合がゆるいものは「晩期型円盤銀河」と呼ばれます。これらの名前の由来は、ハッブル博士が「銀河は図1.4の分類図の左から右の方

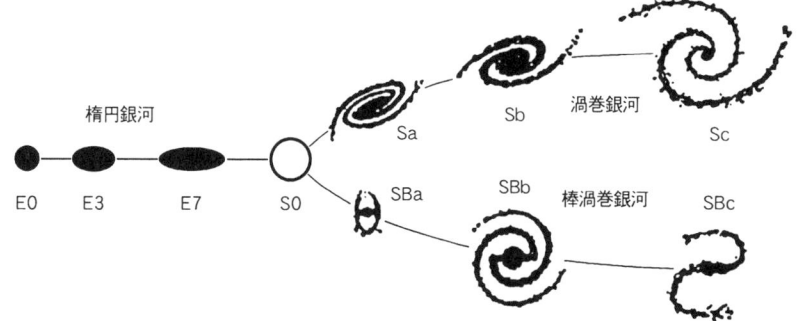

図1.4 銀河の形態に関するハッブル分類(E. Hubble 1936 The Realm of Nebulae)。この分類に当てはまらないものは、不規則型銀河と呼ばれる。もし、この分類図につけ加えるとすれば、一番右端にくる。不規則型銀河の中にも、棒状構造や渦巻を持つように見えるものがあるからである。

へ進化していく」と考えたことに由来します。ですから、右へ行くほど晩期型というのです。

　分類の第1基準は渦巻の巻きつき具合ですが、もし私たちが円盤を真横に近い角度から眺めると、円盤内の渦巻構造は見えません。その場合はバルジの相対的な大きさが分類の基準として重要になります。したがって、ハッブル博士は銀河を「ある一つの基準」で系統的に分類したのではありません。

　また、いまではあまり省みられない分類基準として、ハッブル博士は「渦巻腕にある星がどの程度分解して見えるか」ということも基準の一つとして採用していました。細かく分解して見える銀河ほど晩期型円盤銀河と分類されました。ハッブル博士が分類した銀河は比較的近傍のものばかりだったので、このような基準も設定できました。しかし、いろいろな距離にある銀河をこのような基準で分類することは意味がありません。遠くにある銀河は、当然細かい構造が見えにくくなるからです。とはいえ、この基準を採用したハッブル博士を責めるつもりは毛頭ありません。ハッブル博士は最善を尽くした、と感じるのは私だけではないと思います。

　さて、図1.4を見てすでにお気づきの方も多いでしょう。楕円銀河と円盤銀河の間に「S0 (エスゼロ) 銀河」と分類される銀河があります (レンズ状銀河と呼ばれることもあります)。円盤はあるけれど、渦巻はない。そんな銀河がS0銀河として位置付けられたのです。意味ありげに白丸で示されています。そ

の理由は、当時S0銀河の存在が確認されていなかったからです。

　楕円銀河と円盤銀河は円盤の有無によって明確に区別されます。これは、ある意味では楕円銀河と円盤銀河は不連続な存在として認識されることを意味します。ハッブル博士はこの不連続を嫌ったのです。嫌った理由は彼の美学、あるいは信念なのかもしれません。彼は、楕円銀河がだんだんひしゃげていって、円盤銀河に進化するイメージを抱いていたのです。つまり音叉分類を銀河の進化の系列だと考えたのです。これは「分類」を「物理」に昇華させる一つの例といえるでしょう。

　しかし、残念ながらその考え方は正しくありません。もし銀河が自力で自分の形を変えたいと思ったら、結局銀河の中にある星々の空間分布を大きく変えなければなりません。その基礎過程は星と星との2体衝突(遭遇)です。

　1000億個の星が半径10kpc（キロパーセク＝1000パーセク。1パーセクは3.26光年で約3×10^{16}m　→p.11コラム）の球の中にあり、100km/sの速度でランダムに運動していたと仮定しましょう。この系の力学的な緩和時間（系が星と星との2対衝突を通じて、最終的な形状に落ち着くまでの時間）は

$$T \sim nrv^{-1} \sim 10^{19} \text{ 年}$$

になります（ここでn, r, およびvは星の個数、系の半径、および星の速度で、上述の数値を入れました）。宇宙の年齢はたかだか100億（10^{10}）歳のオーダーです。つまり、宇宙年齢の間に楕円銀河から円盤銀河に進化するようなことは起こりえないのです。

　しかし、ここで物語は終わりません。楕円銀河と円盤銀河の架け橋としてハッブル博士が仮説として導入したS0銀河は本当に存在するのです。論より証拠です。図1.5にその例をお見せしましょう。確かに円盤銀河ですが、渦巻は見えません。銀河の奥深さを垣間見るような気がします。

　それにしてもハッブル博士の慧眼に

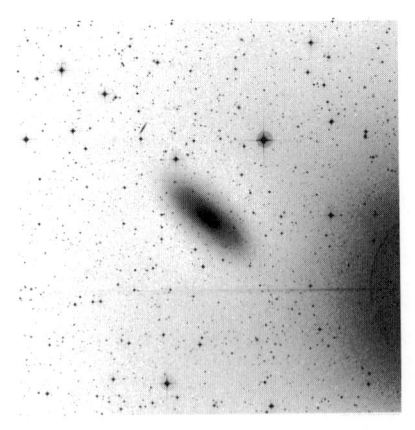

図1.5　S0銀河の例。NGC 5102。

Column 天文学で使われる距離の単位

天体の大きさや天体までの距離を計る単位はm(メートル)やkm(キロメートル)では無理です。そこで天文学独特の次のような単位を使います。

(a) 光年
光のスピードで1年かかって進める距離を1光年といいます。

$$1光年 = (1年) \times (光速)$$
$$= [3600 \times 24 \times 365 (秒)] \times [3 \times 10^8 (m/秒)]$$
$$\fallingdotseq 1 \times 10^{16} m$$

(b) パーセク(pc)
天文学における三角測量に由来する距離の単位です。太陽の近傍にある星の距離を測定する方法として「年周視差」を利用することができます。地球は、太陽のまわりを公転運動しています。したがって、ある時期に位置を測定したい近傍の星を観測し、それから半年後(地球が太陽に対して反対側に移動しています)にもう一度観測します。周辺の遠方にある星は見かけの位置はほとんど変わりませんが、近傍の星は見る角度が2回の観測時期で異なるので場所がずれて見えます(下図)。このとき、年周視差 p は

$$p = a/d$$

で与えられます(p は弧度法で考える)。ここで a は太陽と地球の間の距離で、d は太陽と星の間の距離になります。1pcは年周視差が1秒角(1/3600度)のときの距離で

$$1pc (パーセク) = 3.26光年 \fallingdotseq 3 \times 10^{16} m$$

になります。銀河天文学でよく使われる関連する単位を以下に書いておきますので参考にしてください。

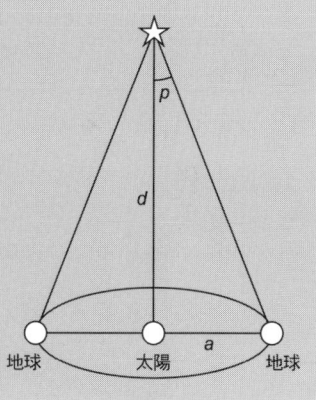

$1kpc (キロパーセク) = 1000pc \fallingdotseq 3 \times 10^{19} m$
$1Mpc (メガパーセク) = 10^6 pc \fallingdotseq 3 \times 10^{22} m$
$1Gpc (ギガパーセク) = 10^9 pc \fallingdotseq 3 \times 10^{25} m$

最後の数字の有効数字は一桁にしてあります。

(c) 天文単位
太陽と地球の間の距離を1天文単位と呼びます。約1億5000万kmです。この単位は銀河を記述するには小さすぎるので、銀河天文学では使うことはありません。しかし、基本的な単位なので教養として覚えておいても損はありません。

は驚かされます。結果的に、S0銀河導入の目的は間違っていました。しかし、まだ1930年代のことです。S0銀河の存在を予見しただけで十分でしょう。S0銀河についてはいまでも明快な説明はありませんが、次の節で少し考えて見ることにします。

1.3 銀河分類の意味

さまざまな形の銀河を、いくつかの観測可能な物理量の組み合わせによるパラメータで分類することはできる。しかし、相変わらず、S0銀河が存在する意味は不明だ。

ハッブル博士の夢は叶いませんでした。では、ハッブル博士の銀河分類は何を意味しているのでしょう。一つの可能性はバルジと円盤のサイズの比です（サイズは質量や光度とも密接に関係しているのでバルジと円盤の光度比や質量比でも代用できます）。もともとこの比は分類基準の一つとして採用されていました。この比に着目すると、もう一つ面白い点があります。それは、円盤成分をゼロにする極限で楕円銀河の存在を自然に記述できることです。もしこれが正しければ銀河の形態（すなわち力学的な構造）はバルジと円盤のサイズ比で一意的に決定されることになり、とてもすっきりします。

しかし、そうではないことが図1.6を見るとわかります。この図は横軸にハッブルタイプをとり、縦軸にバルジと円盤の光度比をとったものです。確かに、早期型銀河の方が総じて光度比が大きくなる傾向はあります。ところ

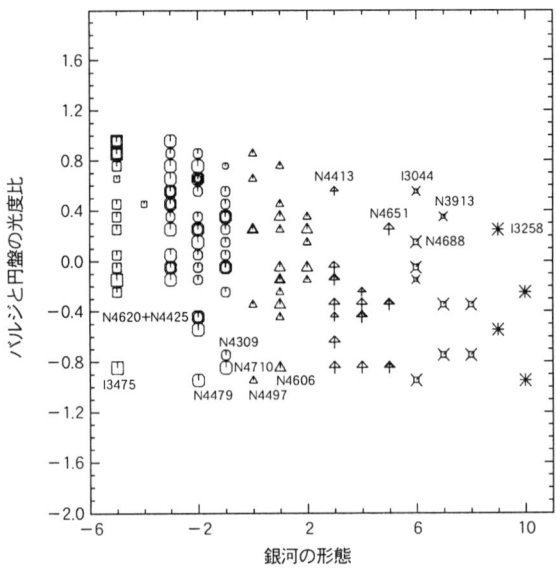

図1.6 バルジと円盤の光度比と、ハッブルタイプとの相関。縦軸はバルジ（スフェロイド成分）と円盤の明るさの比の対数で、横軸は銀河のハッブルタイプ。ハッブルタイプは、数字で表されており、楕円銀河は−5、小さな（矮小）楕円銀河が−4、S0銀河が−3から0、Sa銀河が1、Sb銀河が3、Sc銀河が5、さらに晩期型の円盤銀河が6以上で、不規則銀河が10になる。なお、記号の種類や大きさは無視してよい。

が、同じハッブルタイプでも光度比には一桁以上のばらつきがあります。光度比が決まるとハッブルタイプが決まる、というわけにはいかないことがわかります。残念。

　そうなると、「渦巻腕の有無」と、渦巻腕がある場合は「渦巻の巻きつき具合」がハッブル分類の本質になるわけですが、いったい何がこれらを決めているのでしょうか？　この状況を打開するために「ダークマター」を持ち込むことは可能です。銀河には電磁波で観測されるもの（星やガス）の他に、ダークマターと呼ばれる"見えない"物質が付随していると考えられています（→p.15コラム）。

　「付随している」という表現は正しくないかもしれません。なぜなら、質量ではダークマターの方が見える物質の10倍ぐらいあるからです。したがって、「銀河の形態を決めているのはダークマターである」というふうに考えることも十分可能です。しかし、ダークマターの正体がわからない限り、問題を解決したことにはなりません。

　いま一度、バルジと円盤の光度比に立ち返ってみましょう。前節で紹介したS0銀河のバルジと円盤の光度比はどうなっているのでしょうか？　S0銀河はSa型より楕円銀河に近い銀河として位置付けられています。したがって、バルジと円盤の光度比はSa型よりも総じて大きくなっているはずです。しかし、観測事実は違います。図1.7に、S0銀河の一つであるNGC4762の写真を示します。この銀河は横向きに見えているのでバルジと円盤の光度比が歴然とわかります。ご覧のように、圧倒的に円盤の方が大きく明るいことがわかります。この銀河を、もしバルジと円盤の光度比という観点から見ればSc型といっても良いくらいです。S0銀河のバルジと円盤の光度比は、Sa型からSc型のバルジと円盤の光度比をカバーするぐらいバラエティに富んでいます。困ったものです。

図1.7　S0銀河NGC 4762の光学写真。

　さて、困ってばかりもいられません。

S0銀河とはいったい何なのでしょう？ この問題に挑戦した天文学者がいます。ファン・デン・バーグ(S. van den Bergh)博士です。先に見たように、S0銀河のバルジと円盤の光度比は銀河によって大きく異なるので、バルジと円盤の光度比という観点からはS0銀河と円盤銀河を区別することはできません。したがって、円盤銀河とS0銀河の差は、円盤部に渦巻があるかないかだけになります。円盤銀河の渦巻の部分にはガスが多く、多くの場合そこで新たに星が作られて明るく見えています。この事実に着目すると、「S0銀河ではガスが少ないので渦巻が顕著に見えない」という仮説を立てることができます。

この仮説をもう一歩進めて見ましょう。普通の円盤銀河からガスを抜き取ってしまったらどうなるでしょう。星々が存在する円盤はあるので、円盤銀河であることには変わりません。でもガスが少ないため、新たに星を作りづらくなります。したがって、渦巻が顕在化することなく、のっぺりとした星の円盤が見えるだけになります。つまりS0銀河です。ファン・デン・バーグ博士は

　　　　　円盤銀河−ガス＝S0銀河

という図式を考えたのです。ハッブル博士はS0銀河を楕円銀河と円盤銀河の中間的な存在として定義しました。しかし、ファン・デン・バーグ博士はS0銀河は円盤銀河とパラレルな系列を成していると提案したのです（図1.8）。1976年のことでした。

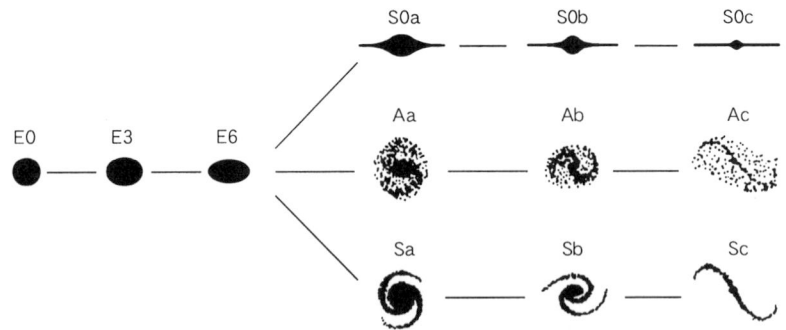

図1.8 ファン・デン・バーグ博士の提案した銀河の分類体系。記号"A"で表されている銀河は「貧血渦巻銀河(anemic spiral galaxies)」と呼ばれるもので、表面輝度が一般の銀河に比べて低いという特徴を持っている。当時は、銀河団の中に多く見つけられていたが、今ではあまり着目されていない。

Column
銀河の回転とダークマター

質量mの物体が質量Mの物体のまわりを回転運動しているとき、重力と遠心力が釣り合っています。したがって

$$GmM/r^2 = mv^2/r$$

の関係が成り立っています。ここでGは重力定数、rは物体間の距離、そしてvは質量mの物体の回転速度です。これを回転速度vについて解くと

$$v = (GM/r)^{1/2} \propto r^{-1/2}$$

を得ます。いわゆるケプラー回転速度です。

もし銀河の質量分布が星の光度分布と同じようになっているとすると、質量は明るい銀河の中心の方に集中して存在し、外側にいくにつれて質量密度は減少していることになります。この場合、外側にある天体(星やガス)は、あたかも銀河の中心部に集中した質量にみあう速度で回転し、上で示したケプラー回転で近似されることになります。つまり、半径が大きくなるにつれて回転速度は遅くなります。ところが、ほとんどの銀河では回転速度は半径によらず一定の値(たとえば200km/s)をとります。天の川銀河の回転曲線を上に示します。

半径によらず回転速度がほぼ一定になるためには、銀河の質量が半径に比例して増加する必要があります。しかし、光度は暗くなっていきます。したがって、「見えない」物質が銀河に付随していて、それが銀河回転速度を一定に保っていると考えざるをえません。この質量を評価するとだいたい見える質量の10倍程度になります。

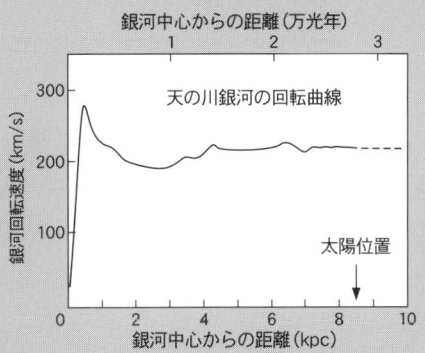

　ハッブルの銀河分類体系は、一見きれいに見えます。ファン・デン・バーグ博士の分類体系にも一理あります。どちらが良い分類体系なのかは、いまのところ"神のみぞ知る"という段階です。銀河を形態で分類することは可能です。しかし、その背後に隠されている物理はなかなか簡単に理解できません。この状況は、何と21世紀を迎えたいまでも変わっていないのです。

　一見簡単に見える銀河の形態分類ですら、かなり手強い問題であることがわかってきたと思います。私たちはまだ「銀河の本質」を理解していないのだろうと思います。あるいは、何か大切なことを見逃しているといった方が良いかも知れません。私たち天文学者はその答えを探すために、銀河の若かりし頃の様子を研究しているといえます。

1.4 銀河分類の無意味

見かけの姿から銀河の分類をより詳細にしても、大局的には無意味な場合もある。人種による肌色の違いが本質的ではないのと同じ意味で、銀河の形状による分類にこだわっていると本質を見失う恐れがある。

　さて、この節には"銀河分類の無意味"という少し過激なタイトルがつけられています。しかしこれは銀河を分類することが無意味であるということを意味しているのではありません。銀河の分類の意味を掘り下げ、もし無意味なところがあればそれを積極的に排除し、少しでも銀河を正しく理解できるように努力しようということです。この目的からは少しずれますが、人類がいかに銀河の形態分類に挑戦してきたかを示す例を二つ紹介することにしましょう。

　まず、ド・ボークルール（G. de Vaucouleurs）博士らの銀河分類を見てみましょう（図1.9）。これはハッブルの形態分類を「詳細にする」という意味で掘り下げた分類体系です。楕円銀河の多様性は、単に見かけの楕円率が異なるだけなのでシンプルです。しかし、円盤銀河の多様性は千変万化です。ド・ボークルール博士らはこの円盤銀河の多様性に興味を持ったのです。

　ハッブル分類でも、棒状構造の有無に注意が払われていました。一口に棒状構造といっても、非常に顕著なものから、あるかどうか判然としないようなものまであります。ですから、棒状構造の有無を連続的なものとして分類体系に組み込むことができます。一方、渦巻腕にしても、きれいな2本の渦巻から、渦巻というよりは巻き込みすぎてリングのように見えているものまであります。したがって、渦巻（s[spiral]型）とリング（r[ring]型）の2種類に分けて、中間的なものをその度合いに応じてsrやrsというふうに分類することが可能です。

　ド・ボークルール博士らはこれらの要因を含めて、ハッブル分類の改訂を試みたのです。ちなみに、銀河の出現頻度に応じて分類図の胴回りを細くしたり太くしたりするという念の入れようです。しかし、これより雑なハッブ

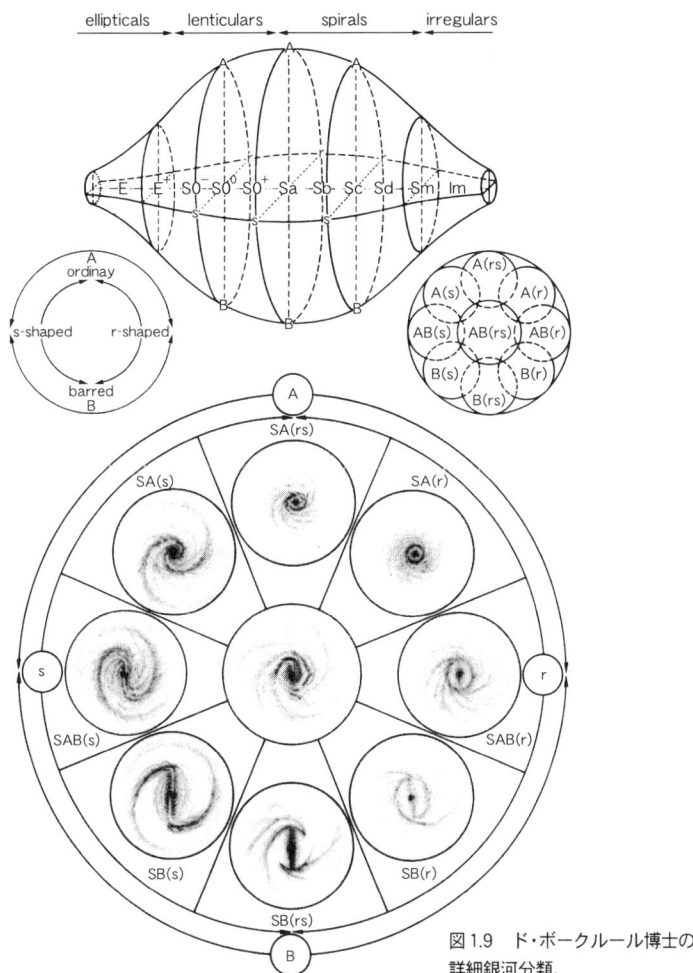

図1.9 ド・ボークルール博士の詳細銀河分類。

ル分類がよく理解できないのですから、ここまで細かくする必要はないように思われます。とはいえ、最初にこの図を見たとき、ド・ボークルール博士らの優れた美的センスに感動しました。

さて、もう一つの例はエルメグリーン（D. Elmegreen）博士らの提唱した円盤銀河の渦巻分類です。彼らはハッブル分類がよくわからないのなら、分類の基本の一つだった「渦巻」の様子に、いま一度こだわってみたらどうかと思ったのです。バルジの存在を忘れて、ひたすら渦巻の形態の再分類を試みたの

です。

　ハッブル分類では、渦巻の巻きつき具合が分類の基準の一つにされていました。しかし、同じような巻きつき具合でも、渦巻の形はいろいろな様相を呈しています。彼らは、きれいな2本の渦巻が見えるもの（グランド・デザイン [grand design] 型）から、つぎはぎ状にあやふやな渦巻を持つもの（フラキュラント [flocculent] 型）に分け、12段階（アーム・クラス）に及ぶ分類体系を考案しました（図1.10）。これはこれでオリジナルな分類体系です。この体系とハッブルの分類体系との相関はやはり弱いことが図1.10に示されています。つまり、渦巻の詳細に拘っても、ハッブル分類の意味は見えてこないことを立証したようなものです。残念。

　これまで見てきたように、銀河を形態という観点から分類することは可能です。その一つの例がハッブル分類だったり、この節で紹介したようなアイデアだったわけです。このような分類の目的は、先にも書いたように、銀河の物理（「ぶつり」と読むと堅苦しいので、「もののことわり（意味）」と読むと気が楽になります）を理解することです。ところが、前節で述べたように、この目的はいまのところ達成されていません。

　達成されていない理由は何なのでしょう？　二通りの可能性を考えることができます。一つは、私たちの能力が足らず、何か大切なことを見逃している可能性です。もう一つは、そもそも銀河の形は、銀河を理解する上で本質的に重要ではない可能性です。最初の可能性の方が、天文学者にとってはありがたいのかもしれません。なぜなら、銀河の形を簡単な物理で理解できる可能性が残されているからです（学者は一般に、そのような"美しさ"に憧れています）。2番目の可能性はその意味で深刻です。私たちが銀河の本質をまちがって捉えていることを示唆しているからです。

　最近になって、私は2番目の可能性の方が高いのではないか思うようになりました。その理由は結構煩雑ですし、またどのように表現したら皆さんにうまく伝わるかわからないので多少悩んでいます。それでもきちんと私の考えていることを伝えるべきだと思いますので、もう少しだけ感想を述べさせて下さい。

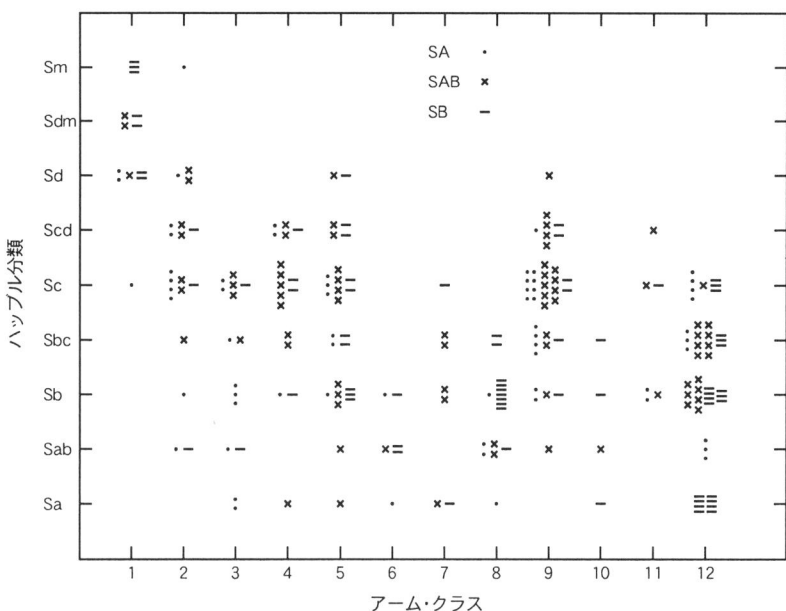

図1.10 エルメグリーン博士らのアーム・クラスと、ハッブルタイプとの相関。棒状構造のないもの(SA)、あるもの(SB)、およびその中間的なもの(SAB)で細分されている。

表1.1 エルメグリーン博士らの円盤銀河の「アーム・クラス」

アーム・クラス	特徴	例
1	切れ切れの腕。対称性もなし。	NGC2500
2	規則性はなく、短い切れ切れの腕。	NGC7793
3	切れ切れの腕が中心のまわりに一様に分布。	NGC2841
4	1本腕は顕著だが、対称性のない切れ切れの腕。	NGC2403
5	内側の2本の対照的な腕と不規則な外側の腕。	NGC598 (M33)
6	内側の2本の対照的な腕と外側の羽のような腕。	NGC2935
7	2本の長い対称的な腕。内側は羽のような腕。	NGC2903
8	きつく巻いた腕で、リング的に見える。	NGC3992
9	3本以上の長い腕。内側には2本の対称的な腕。	NGC5457 (M101)
10	棒構造の端から2本の対照的な腕。	NGC1300
11	内側に2本の対称的な腕。外側に1本の長い腕。	NGC5194 (M51)
12	2本のきれいな対称的な腕。	NGC4321 (M100)

私は子供の頃、昆虫が大好きでした。特に蝶に関してはマニアックな採集家でした。ご存知のように、蝶にもいろいろな種類があります。大きく優雅なアゲハ蝶、よく見かけるモンシロ蝶、そして可憐なシジミ蝶と、銀河にひけをとらないバラエティです。
　では、果たして蝶を細かく分類していって、本当に蝶の本質がわかるのでしょうか？　もちろん、なぜそのような分化が起こったのかという進化論的な意味での分類学は重要なのでしょう。しかし、「なぜ蝶なのか？」。こちらの方がより根源的な問題を含んでいます。つまり、見かけの形態にばかりこだわって分類していっても本質は見えてきません。蝶の生理学や生態学、あるいは行動学というように、より広い観点から蝶を見つめなおすことも重要であるように思えます。
　"ヒト"についても似たようなことがあります。私たち日本人やアジア系のヒトたちは肌の色から「黄色人種」と呼ばれます。その他に、肌の色で白色人種や黒色人種と呼ばれるヒトたちがいます（それぞれ白人、黒人と略称があるのに、黄色人種を黄人と略したのはあまり聞きませんね。不思議です。閑話休題）。しかし、肌の色がヒトの本質に関係しているのでしょうか？　そうは思えません。
　それと同じで、銀河の分類も冷静になって考えると、あまり銀河の本質と関係ないところで決められているように思えてくるのです。これはとてもむずかしい問題で、天文学者も何か共通の答えを持っているわけではありません。でも、せめて答えのヒントになるようなことは第4章で見ていきたいと思っています。21世紀の銀河天文学のために。

第2章　銀河の育ち方 ─── 蒼き狼の伝説

Keywords

巨大分子ガス雲　giant molecular cloud

大質量星　massive star

散開星団　open cluster

球状星団　globular cluster

電離ガス領域　ionized gas region

スターバースト　starburst

ドロップアウト　dropout

2.1 星を作る銀河

大質量星は明るいが、明るい銀河だからといって大質量星ばかりで構成されているのではない。大質量星は寿命が短いから、それだけだと明るい銀河はすぐなくなってしまう。銀河の中ではさまざまな質量の、つまりさまざまな寿命の星が生々流転している。

銀河は1000億個もの星々からなる星の大集団です。したがって、銀河の歴史はこれらの星々を作ってきた歴史と読み替えることができます。星ができる前、銀河にはダークマターとガスしかありませんでした。そして星の誕生と共に「私たちの目に見える天体としての銀河」ができたことになります。

星は、元を正せばガスの塊です。つまり、星はガスの雲の中から生まれることになります。星の故郷は冷たい、冷たい分子ガス雲です。温度は10Kくらいです。K（ケルビン）は絶対温度で、10Kは-263℃です。あらゆる物質がその動きを止めてしまうような極寒の世界です。このような温度では、ガスは一

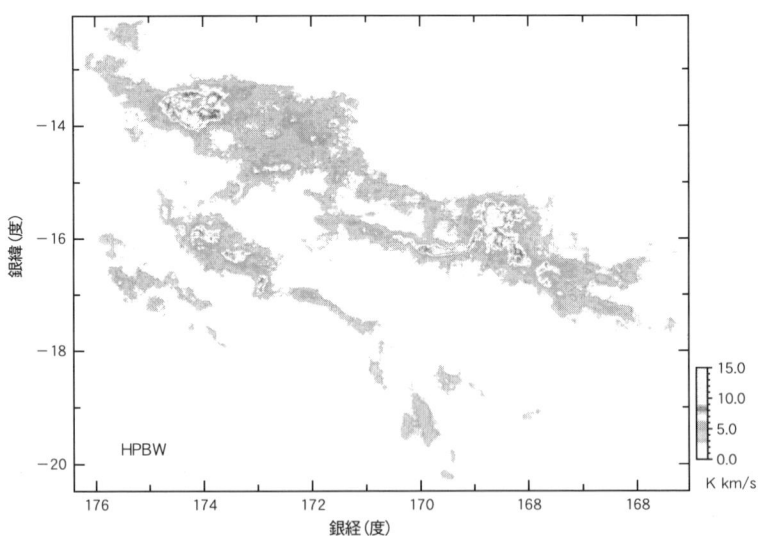

図2.1 おうし座巨大分子ガス雲を一酸化炭素分子（CO）の放射する輝線で調べた様子。地球からの距離は500光年。

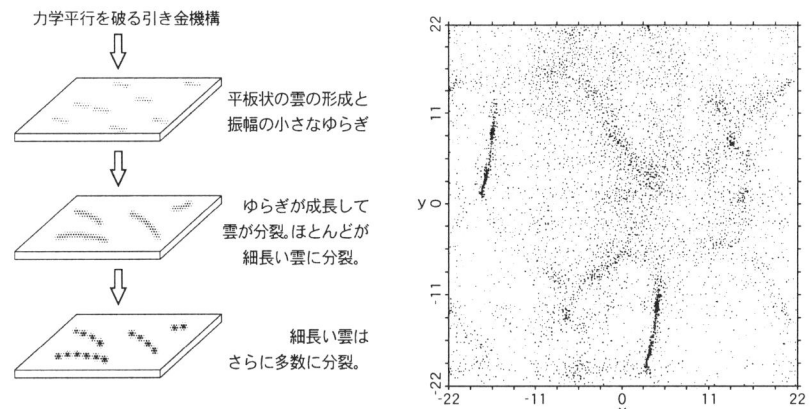

図2.2 分子ガス雲の重力不安定性の様子を、簡単のためにシート状のガス雲を例にとって示したもの(左)。右はシミュレーションの例。

般的に分子の状態になります。つまり、水素の場合は水素原子(H)ではなく、水素分子(H_2)になっています。星のゆりかごは、そのような分子からなる冷たいガス雲だということになります。

分子ガス雲は、このような冷たい温度で銀河の円盤を漂っています。1個の分子ガス雲の典型的な大きさは100光年で、質量は太陽の10万倍くらいあります。このような分子ガス雲は「巨大分子ガス雲」と呼ばれています。このようにいうと、何となく丸いガス雲を思い浮かべるかも知れません。しかし、実際には結構切れ切れになっていて、複雑な"フィラメント"のような構造をしています。図2.1におうし座の方向に見える天の川銀河の中にある巨大分子ガス雲の様子を示してあります。

ガス雲には多かれ少なかれ密度の「むら」があります。ガス密度が高いところでは、当然重力が強くなります。ですから、そこには周辺部にあったガスがさらに重力で引き寄せられ、ガス密度はさらに高くなっていきます。少しむずかしい表現を使うと、「重力不安定性でガス雲が分裂していくような現象」ということができます(図2.2)。

星は巨大分子ガス雲の中で、特に密度が高くなった場所で生まれることになります。このような場所を分子ガス雲の「コア」と呼びます。コアは自分自身の重力(自己重力)でさらに収縮していきます。重力収縮は収縮を止める力

が働かない限り進んでいきます。

　この収縮を止める力はあるのでしょうか？　あります。それは、ガスの圧力です(内部に放射源がある場合には放射圧が加わります)。ガスの圧力 P はコア内のガス密度(n)と温度(T)に比例します。

　　　$P \propto nT$

　ここで、ガス密度としては個数密度を採用しています。質量密度 ρ を用いて、$P \propto \rho T$ と書いてもよく、比例係数が変わるだけです。質量密度 ρ は n に水素分子の質量をかけてやれば評価できます。

　分子ガス雲内のコアの部分は自己重力によって収縮を続け、密度が増していきます。それにつれて、温度や圧力も上昇していきます。そして、温度が約1000万度($T \sim 10^7 K$)程度になると、水素原子核の核融合が始まります。つまりガス雲のコアは重力収縮して、高温・高圧の条件を整えた段階で星になるのです。

　ちなみに、地球の中心部の温度はたかだか1000K程度でしかありません。これでは星になれません。

　典型的な銀河には、100億個から1000億個もの星があります。つまり、銀河の主たる光源はこれら星の集団ということになります。では1個の星から放射される光度はどのぐらいなのでしょうか？　星の光度は太陽の光度を基準にして表すと便利です。太陽の光度は 3.85×10^{26} W(ワット)で、これを $1L_\odot$ と書きます。100W(ワット)の電球の明るさの1兆倍のさらに1兆倍です。とんでもなく明るい光度です。でもこの太陽の恵みがなければ、私たちは存在していなかったでしょう。偶然なのか、必然なのか？　いずれにしても私たちは太陽に感謝しなければなりません。ちなみに、太陽の質量は 2×10^{30} kgで、これを $1M_\odot$ と書きます。

　太陽より質量の大きな星は、もっと明るくなります。その中心部で、水素が核融合してヘリウムを合成する際に放出されるエネルギーで輝いている星は、「主系列星」と呼ばれています(→p.124補遺1)。この主系列星では、質量が大きい星ほど光度が大きいという質量‐光度関係 ($L \propto M^{3.45}$) があります。この関係を使うと $10M_\odot$ の星の光度が約 $3000L_\odot$ であることがわかります。$1M_\odot$ の

星の光度は$1L_\odot$なので、$1M_\odot$の星を10個集めても、その合計光度は$10L_\odot$にしかなりません。ですから、$10M_\odot$の質量のガスを使って効率よく光度を稼ぎたいと思ったら、ケチケチせずに$10M_\odot$の星をドーンと1個作る方がよいのです。

これは良いことを学びました。銀河を明るくしたければ、大質量星をたくさん作れば良いのです。ところが、一つ問題があります。それは星の寿命です。質量の大きい星は核融合を起こすための燃料を多く持っていますが、いま見たように放射するエネルギーも大きいので、寿命が短くなります。

主系列にとどまる期間は、太陽程度の質量の星でおよそ100億年と考えられていますが、太陽の20倍の質量を持つ星では約1000万年しかありません。逆に太陽の0.6倍の質量を持つ星の主系列の寿命は約8000億年で、現在の宇宙の年齢（およそ150億年）より50倍以上も長生きです。つまり、大質量星をいっぱい作るのはいいけれど、明るく輝ける期間は短いということです。うまくいかないものです。

星の一生は、その質量に左右されます。自ら核融合を起こして輝いている星の質量には下限があって、それは$0.08M_\odot$程度です。ちなみに、木星の質量は太陽の1/1000なので、核融合反応は起こりません。木星は星のように見えますが、単に太陽の光を反射して明るく見えているのです。一方、星の質量の上限は$100M_\odot$程度と考えられています。あまり重たくなると、ガス球として不安定になってしまうからです（星の性質や進化については補遺1を参照）。

このように銀河では、太陽質量の約0.1倍から100倍程度の質量を持つ星々が生まれてきていると考えられています。生まれる星の個数でいうと、小質量星の方が多いことがわかっています。質量mの星が何個生まれるかを数式で表してみると$N(m) \propto m^{-\alpha}$のようなべき乗則で近似されます（ここで$N(m)$は質量mの星の個数です）。これを星の「質量関数」と呼びます。天の川銀河の星を調べてみると$\alpha \approx 2.35$が標準的な値であることがわかっています（図2.3）。つ

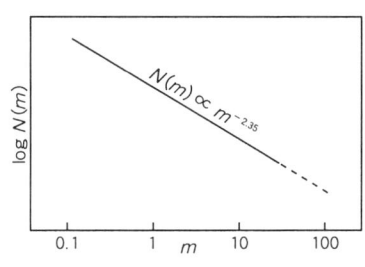

図2.3　星の質量関数。太陽の比較的近傍にある星々を丹念に調べてサルピーター（E. E. Salpeter）博士が1955年に導き出したもの。

まり、ある星に対して質量が2倍の星は約1/5の個数しか生まれないことになります。

銀河のいろいろな場所で、いろいろな質量の星々が生まれ、そしてあるものは死んでいきます。そして星々を作るのに使われたガスの一部は超新星現象を経由して、ふたたび銀河の中を漂う星間ガスへと帰っていくのです(図2.4)。

銀河の歴史。それは星々の生々

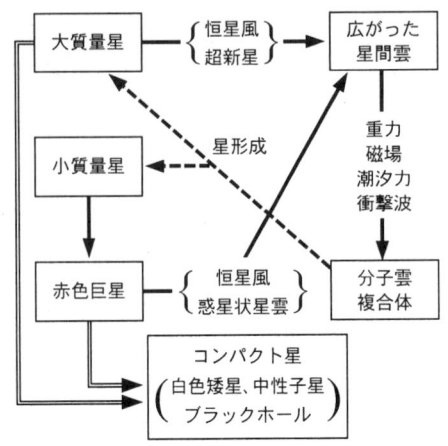

図2.4 銀河で繰り広げられる、ガスと星の輪廻。

流転が決めていることになります。では、銀河の中で星々がどのようにしてできるのでしょうか？ そして、星々の生まれ方は銀河の年齢とどのような関係にあるのでしょうか？ このような疑問をあげていけば、きりがありません。でも、これらの疑問に答えていくことが、銀河の理解への近道、あるいは王道になるのです。何事も面倒がってはいけません。少しずつ考えていくことにしましょう。

2.2 スターバースト

銀河の中で星はどのようにして生まれたのか？ それを調べるには、生まれたての銀河を見るのが最も良い方法だ。しかし、それらの銀河は遠くにあって暗くしか見えず、観測には困難をともなう。星の誕生の様子を調べるには、現在、星が活発に生まれている銀河を観測するとよい。

銀河は星をどのようにして作ってきたのでしょうか。この問題に答える最も確実な方法は、生まれたての銀河を直接調べることです。しかし、後で述べるように、生まれたての銀河は非常に遠く、とても暗くしか見えません。したがって、生まれたての銀河を観測することは残念ながら簡単にはできません。

図2.5　球状星団M15。地球から の距離は3万3000光年。

図2.6　すばる散開星団、別名プレアデス星団。地球からの距離は 408光年。

　そこでまず近傍の銀河をよく眺めて、星を活発に作っている場所を探して見ることにしましょう。"ヒント"を探すのです。

　「灯台下暗し」というわけではありませんが、まず、私たちの住む天の川銀河を見てみましょう。太陽は比較的孤立した星ですが、天の川銀河の中には星がたくさん集まっている場所があります。球状星団と散開星団です。

　球状星団は銀河のハロー部（バルジや円盤を取り囲むようにして広がっている部分）にあります。代表的な例としてM（メシエ）15を紹介しておきます（図2.5）。ペガスス座の方向に見える球状星団で、数百万個の星々からなっています。天の川銀河には、このような球状星団が百数十個あります。年齢は天の川銀河本体の年齢と同じぐらいで、120億年（確定してはいません）くらいだと考えられています。ですから寿命の短い星、すなわち大質量星は死に絶え、現在では太陽質量の0.8倍以下の質量をもつ軽い星々しか残っていません。

　一方、散開星団は銀河の円盤部にあり、特に渦巻に沿うようにして存在していることがわかっています。散開星団の代表例は「すばる（昴）」です（図2.6）。英語名は「プレアデス」です。日本の国立天文台がアメリカ合衆国ハワイ島のマウナケア山頂に建設した口径8.2mの大望遠鏡の名前は「すばる望遠鏡」ですが、もちろんこの散開星団の名前に由来しています。

　清少納言が枕草子で「星はすばる（星を見るなら、すばるが一番だわね）」と

第2章　銀河の育ち方——蒼き狼の伝説

図2.7 オリオン大星雲。M42の符号でも呼ばれる。

図2.8 かじき座30番星（30ドラドス）のまわりに広がる電離ガス星雲。大マゼラン雲のなかにある。大マゼラン雲までの距離は16万光年。セロトロロ・アメリカ大陸天文台（チリ）の60cmシュミット望遠鏡で撮影されたHα線による画像。

表したのはあまりにも有名です。まだ平安時代のことです。このように昔から日本人に愛されていた星団の名前が日本を代表する望遠鏡の名前になるのはとても素晴らしいことのように思えます。

　すばる星団は、秋の夜空に肉眼でも6個の星が集まって見えます。その姿はとても可憐で、私もすばるを見るのが大好きです。すばる星団は肉眼では、6個の星しか見えませんが、実は数百個もの星から成っています。すばるのような散開星団の年齢は、数億歳から数十億歳ぐらいです。そのため、星団によっては太陽の数倍の質量を持つ星々も存在しています。

　散開星団と球状星団の存在は、銀河は昔から星を集団で作る術を知っていたことを意味しています。そもそも天の川銀河の星の半分以上は連星（2個の星がお互いの重力圏内にいて公転運動している系）だといわれています。銀河にしてみれば、星を1個1個作るようなだるいことはせず、集団で作る方が楽なのかもしれません。私たちの太陽は1/2の偶然で単独の星として生まれたと思うと、少しだけ不思議です。

　さて、球状星団と散開星団は「星が集団で生まれた場所」ですが、"過去形"の場所です。"現在進行形"で星を集団で活発に作っている場所も当然あります。

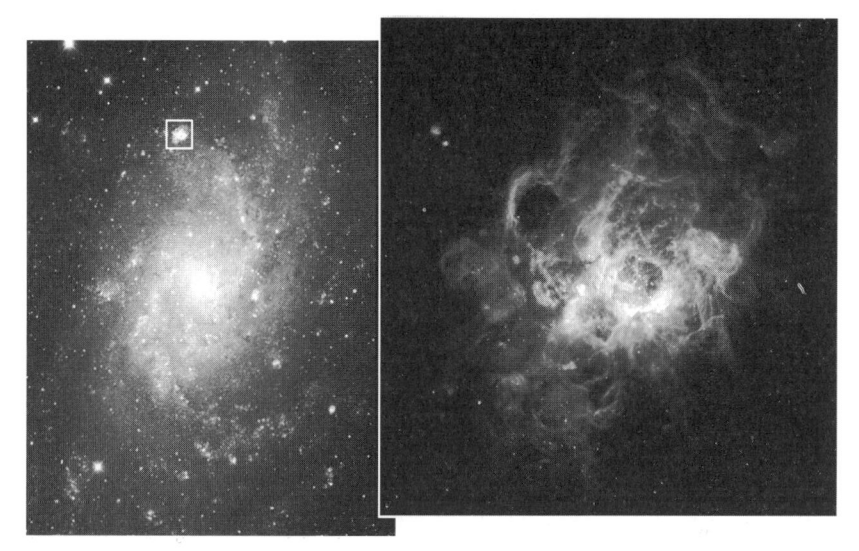

図2.9 さんかく座の方向に見える渦巻銀河M33（左）にある巨大電離ガス領域NGC 604（右。左の写真では白いボックスで囲んである部分）。ハッブル宇宙望遠鏡によって撮影されたガス雲は、きわめて複雑な構造を示している。M33までの距離は250万光年。

それは「電離ガス領域」として観測されています。散開星団と同様に銀河の円盤部でできています。その代表例は「オリオン大星雲」です（図2.7）。オリオン大星雲では太陽の10倍以上重たい星々が数十個生まれています。これらの大質量星は、水素ガスを電離することができる紫外線を大量に放射します。そのため、星々のまわりにあるガスは電離され、電離ガス雲として観測されます（→p.129補遺2）。

しかし、オリオン大星雲は序の口です。天の川銀河のお供をしている大マゼラン雲にある巨大な電離ガス領域である「30ドラドス（Doradus）」（「かじき座30番星」という意味ですが、実際には1個の星ではなく、星雲です）を見てみましょう（図2.8）。別名「毒蜘蛛星雲」です。かなり怪しい名前ですが、電離されたガスの様子が何となく毒蜘蛛が足を広げているように見えるためです。この電離ガス雲の中心部には太陽より10倍以上重たい星（大質量星、スペクトル型ではO型星やB型星）が数百個存在しています。紫外光の放射強度で比較すると、オリオン大星雲の中にある星々の100倍以上の規模に相当します。

オリオン大星雲が迫力ある姿に見えるのは、たまたま私たち太陽系に近い

ところにあるからです。実際には毒蜘蛛星雲の方がはるかに大規模な電離ガス領域といえます。世の中は広い。いや、宇宙は広いということです。

　もう一つ有名な巨大電離ガス領域を見ておきましょう。渦巻銀河M33（＝NGC 598) にあるNGC 604です（図2.9）。M33は図2.9の左に示すようにきれいな渦巻銀河です。その円盤の外縁部にキラリと光る電離ガス星雲がNGC 604です。電離ガスは30ドラドスと同じように複雑な構造を示しています。電離源の大質量星の個数は約200個です。30ドラドスもそうでしたが、なぜかこれらの巨大電離ガス領域は銀河の外側の方に分布しています。その理由はまだわかっていません。

　星は分子ガス雲の中で生まれるといいましたが、ガス雲から星になる効率はたかだか1%くらいです。たとえば、太陽の10倍の質量を持つ星が100個できたとします。星全部の質量は1000$M_\odot$になります。これだけの星を作るためには、この100倍の質量を持つ分子ガス雲があったことになります。つまり母体となった分子ガス雲の質量は10万$M_\odot$もあったことになります。このような巨大分子ガス雲が、なぜか銀河の外側のほうにできて、その中で一気に大質量星を作るようなメカニズムがあったことになります。ひょっとしたらこのような巨大分子ガス雲同士がたまたま衝突して、衝突で圧縮された密度の高いところで星が一気に作られたのかもしれません。しかし、その答えはいまだ謎になっています。

　さて、上には上があるものです。いま見てきた30ドラドスやNGC 604で起

Column　アメリカのお菓子

　アメリカのスーパーマーケットにいって驚いたことがあります。何と「スターバースト・キャンディ」というお菓子があるのです。もし日本で「爆発的星生成飴」なるものを売ったとしても、とてもたくさん売れるとは思えません。そういえば「ギャラクシー」という名前のチョコレートもあります。やはり「銀河チョコ」ではいまひとつ人気はでないような気がします。「天の川キャンディ」と称して、ピンク色の織姫星キャンディと淡いブルーの彦星キャンディを売ったとしても……。

　まあ、深入りしない方がよさそうです。名前の響きという点では英語に分があるように思えます。

こっている星生成のさらに上をいくのが「スターバースト」なのです。大質量星の個数は少なくとも30ドラドスの10倍以上です。典型的には、1万個から10万個もの大質量星が、ほぼ一気に作られています（"一気"といっても、銀河の世界ですから、1000万年ぐらいのタイムラグはあります）。

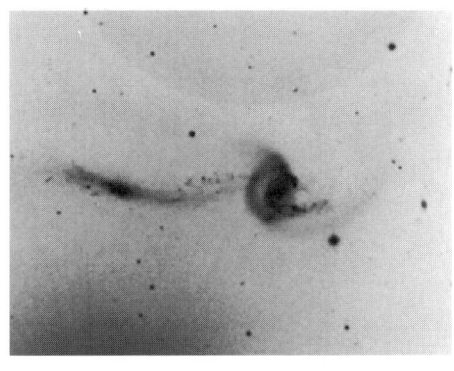

図2.10 スターバースト銀河のプロトタイプであるNGC 7714(右)とその伴銀河NGC 7715(左)。

スターバーストはなぜか銀河の中心領域で発生していて、そのような銀河を「スターバースト銀河」と呼んでいます。それほど珍しい現象ではなく、近傍の渦巻銀河の数パーセントはスターバースト銀河です。そのプロトタイプ(典型)はNGC 7714と呼ばれる相互作用銀河です(図2.10)。ちなみに「スターバースト銀河」という名称はウイードマン(D. W. Weedman)博士によって1981年につけられました。日本語では「爆発的星生成銀河」となりますが、これだけ漢字が並ぶと疲れます。やはりスターバースト銀河と呼ぶことにしましょう。

スターバーストについて、もう少し考えてみましょう。スターバーストによって生まれた大質量星は、数千万年もすればほとんどの星が超新星爆発を起こして死んでいきます。大質量星の個数はおそらく1万個以上です。つまり、1万個の超新星爆発が起こることになります(星の進化理論が正しければ、必ずこうなります)。超新星は1個で約10^{44}ジュールのエネルギーを解放します。1ワットは1秒あたりに1ジュールのエネルギーを放射することに対応しています。太陽の放射エネルギーは約10^{26}ワットです。そのさらに10^{18}倍ですから、太陽が100億年以上かけて放射するエネルギーに相当します。想像もつかないエネルギーです。

スターバーストの最後には、それがさらに1万個集まって爆発するのです。当然、ものすごいエネルギーの爆風が吹き荒れることになります。爆風は銀河の中心に集まっていたガスを銀河の外へ吹き払ってしまうことすらありま

図2.11 スターバースト銀河M82から噴出するスーパーウインド。M82までの距離は1200万光年。

す。これは「スーパーウインド」、あるいは「銀河風」と呼ばれています。近傍のスターバースト銀河であるM82から噴出するスーパーウインドの様子を図2.11に示しました。これは、すばる望遠鏡を使って撮影されたもので、吹き荒れる電離ガスが複雑なフィラメント状に出ているのがわかります。見事です。

　星の集団発生。100億年に及ぶ銀河の歴史の中で、それはあまり珍しいことではないことがおわかりいただけたと思います。では、なぜ星は集団で生まれるのでしょう？　その秘密を握るのが星の母体となるガスの状態です。星の"ゆりかご"になるガス雲は重力が支配的であることが大切です。もし熱運動が勝っていると、ガス雲は自分の重力で収縮していくことができません。「冷

たい」ガス雲の方が星を作るには都合が良いことがわかります。それが前節で紹介した巨大分子ガス雲です。

　天の川銀河における分子ガスの分布を詳しく調べてみると、面白いことがわかります。分子ガスは、まさに雲のように分布しているのです。2.1節で紹介した巨大分子ガス雲が、銀河の円盤部にボコボコと分布しています。やはり渦巻腕が好きなようです。これらの巨大分子ガス雲の中心部でガスの密度が高くなると、その部分だけの重力でさらに縮んでいき、最終的には星が誕生すると考えられています。

　巨大分子ガス雲はまさに星の故郷（あるいは"星の降る里"と、詩的にいってもよいかもしれません）なのです。これらが大質量星をたくさん作る母胎となり、巨大電離ガス領域へと姿を変えていくのです。

　円盤銀河の中心部、数百光年以内の領域には分子ガスがたくさん集まっていることがあります。質量は太陽質量の1億倍から10億倍です。『青年は荒野をめざす』（五木寛之著、文藝春秋、1974年刊）という小説がありましたが、「分子ガス雲は銀河中心をめざす」のです（その原因はいろいろありますが、説明すると長くなるので本書では省かせていただきます）。スターバーストは、銀河の中心に集められた分子ガスから一気に大質量星をたくさん作る現象ということになります。スターバーストという秘奥義まで用意して、銀河は星を作るのです。銀河はまさに星を作るマシーンのようです。

2.3　数十億年前の銀河たち

　　　赤方偏移0.5程度の銀河（これが数十億年前の銀河だ）を調べると、なぜか遠方になるほど青い銀河の割合が多かった。これは、銀河団に属する銀河はほぼ劇的な進化の段階を終えているという理論と矛盾している。

　天の川銀河の近くにある、年老いた銀河ですら星を作りつづけています。中にはスターバーストと呼ばれるような銀河まであることがわかりました。私たちが簡単に見ることのできる銀河の距離は数百万光年から数億光年くらい

が関の山です。1光年の距離を光が進むためには1年かかるので、1光年の距離にある天体を見ると、それは1年前の姿になるということはすでに述べました。つまり、私たちが観測するそれらの銀河は数百万年から数億年前の姿ということになります。銀河の誕生が100億年以上前だったことを考えると、あまりにも最近の姿です。銀河の進化を調べるためにはもう少し昔の姿を見なければなりません。しかし、一挙に100億年前まで遡るのは大変です。とりあえず、数十億年くらい前の銀河たちを観察してみることにしましょう。

銀河にとって、数十億年前というのはどういう意味を持つのでしょうか？ただ数十億年、銀河の歴史をプレイバックするだけのこと、と割り切ってもかまいません。しかし、少しだけ知恵を働かせてみましょう。銀河の典型的な大きさは10万光年です。また、銀河回転のスピードはざっと$v = 200{\rm km/s}$です。この場合、銀河回転の周期は

$$T = 2\pi r/v = 2\times 3.14\times (10万光年/2)/(200{\rm km/s}) \approx 5億年$$

になります。つまり数十億年という時間は銀河が数回転から10回転くらいすることができる時間ということになります。銀河にとっても、結構長い時間であることがわかります。数十億年前の銀河を調べる意義はこの十分に長い時間にあります。銀河の青年時代、あるいは壮年時代を見ることになります。

数十億年前というと、赤方偏移に換算すると約0.5になります（赤方偏移の簡単な説明は補遺3(p.130)に書いておきました。そのついでにハッブルの宇宙膨張則を補遺4(p.132)で説明しておきました）。赤方偏移と宇宙年齢の関係は、単純ではありません。つまり、宇宙モデルをどのように仮定するかで、宇宙年齢も、赤方偏移と宇宙年齢の関係も変わってしまうのです。その説明は、補遺5(p.133)に書いておきました。

さて、ただ闇雲に銀河を選んでスペクトル観測をしたのでは、赤方偏移が0.5程度の銀河を見つけるのは至難の技です。何か目印になるようなものがあれば、ずっと簡単になります。その目印は銀河団です。銀河団は銀河が数千個くらい群れて存在している領域で、昔からその存在が知られていました。最も有名なのは「おとめ座銀河団」です(図2.12)。

銀河団は、銀河が比較的球対称的に分布しているものや、ひょろ長く伸びた

図2.12 おとめ座銀河団の一部。ここには数十個の銀河しか見えないが、少なくとも1000個以上の銀河が群れていることが知られている。おとめ座銀河団までの距離は約7000万光年だが、実は、4000万光年から1億光年程度まで、奥行きのあるフィラメントのような構造をしていることがわかっている。

ように分布しているものなど、結構バラエティに富んでいます。しかし、遠方の銀河団ほど見かけの大きさが小さくなるのは、どんな形状の銀河団についても当てはまります。銀河団は"銀河が群れている"という特徴を持っているので比較的探しやすいというメリットもあります。そのため1960年代には、もう赤方偏移が0.5程度の銀河団が発見されていました。しかし、当時は赤方偏移0.5あたりにも銀河団が存在するということまでしかわかりませんでした。メンバーの銀河を詳しく調べる術がなかったからです。

1970年代に入って、ブッチャー (H. Butcher) 博士とエムラー (A. Oemler) 博

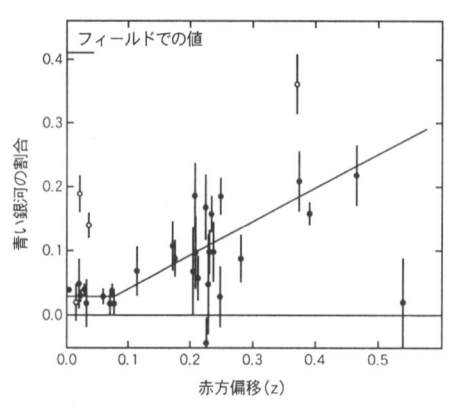

図2.13　銀河団に属する銀河のうちで、青い銀河の割合を赤方偏移の関数として表したグラフ。

図2.14　ハッブル宇宙望遠鏡。

図2.15　国立天文台岡山天体物理観測所の口径1.9mの反射望遠鏡（左）と観測所全景（右）

士はこれら遠方の銀河団を系統的に調べる研究に着手しました。彼らは赤方偏移が0から0.5の20数個の銀河団の写真を撮り、メンバー銀河の色を調べたのです。根気のいる仕事です。

　彼らの集大成となる論文が1984年に公表されました。彼らの得た観測事実は驚くべきものでした。遠方の銀河団ほど、"青い"銀河の占める割合が増えるのです。近傍の銀河団を見ると、おとめ座銀河団はそれほどではありませんが、ほとんどの場合、早期型銀河（楕円銀河やS0銀河）で占められています。これらの銀河には最近生まれた大質量星がないため、色は総じて"赤い"ことが知られています。青い銀河の占める割合はたかだか2〜3％くらいです。ところが、赤方偏移が大きくなるにつれてこの割合は増加し、赤方偏移が0.5になると青い銀河の割合は20％を超えます（図2.13）。彼らの功績を称えて、「ブッ

チャー‐エムラー効果」と呼ばれています。

　これは、深刻な問題を私たちに突きつけます。銀河団に属する銀河はとうの昔に進化を終え、100億年以上にわたっていま見ているような銀河の状態で過ごしてきたように思われていたからです。しかし、ブッチャー‐エムラー効果は「近傍の銀河団に見られる早期型銀河は約50億年前には青かった」ことを意味します。わずか50億年の間に青い銀河はだんだん消え、赤い銀河になってしまったのです。銀河団に何が起こったというのでしょう？　1980年代、その答えはわかりませんでした。

　1990年。人類の夢をのせてハッブル宇宙望遠鏡(Hubble Space Telescope、以下HST、図2.14)が打ち上げられました。HSTの口径は、わずか2.4mです。国内に設置されている最大の望遠鏡は国立天文台岡山天体物理観測所の口径1.9mの望遠鏡(図2.15)ですから、HSTは特別大きな望遠鏡ではありません。しかし、地球の大気の影響を受けない大気圏外で天体を観測できるというメリットがあります。

　天体からの光が地球の大気を通過すると、大気にはいろいろな温度の空気の塊があるため(つまり、屈折率の異なる空気の塊を通過するため)、天体のイメージがボケてしまいます。HSTではこのボケがないので、驚異的な解像力を実現します。地上の天文台での標準的な天体の解像力は1秒角(1/3600度)です(ただし、アメリカ合衆国ハワイ島のマウナケア天文台では0.3秒角を達成することもあります)。ところが、HSTでは常に0.1秒角の解像力を維持できます。この差は天文学に画期的な革新をもたらしたのです。

　銀河団研究の第一人者の一人に、アメリカ合衆国のドレスラー(A. Dressler)博士がいます。彼は、当然のように、遠方の銀河団をHSTで観測する提案をしました。彼の提案はもちろん採択され、遠方の銀河団の鮮明なイメージがHSTでいくつか撮影されました。赤方偏移0.41の銀河団CL 09039+4713のHSTで撮影されたイメージを図2.16に示します。地上の天文台で撮影した写真では、ぼやけて見えなかった銀河の形がかなりはっきりと見てとれます。渦巻銀河やS0銀河、そして相互作用している銀河などが見えます。

　これだけ形が見えてくると、この銀河団のメンバー銀河の形態分類をする

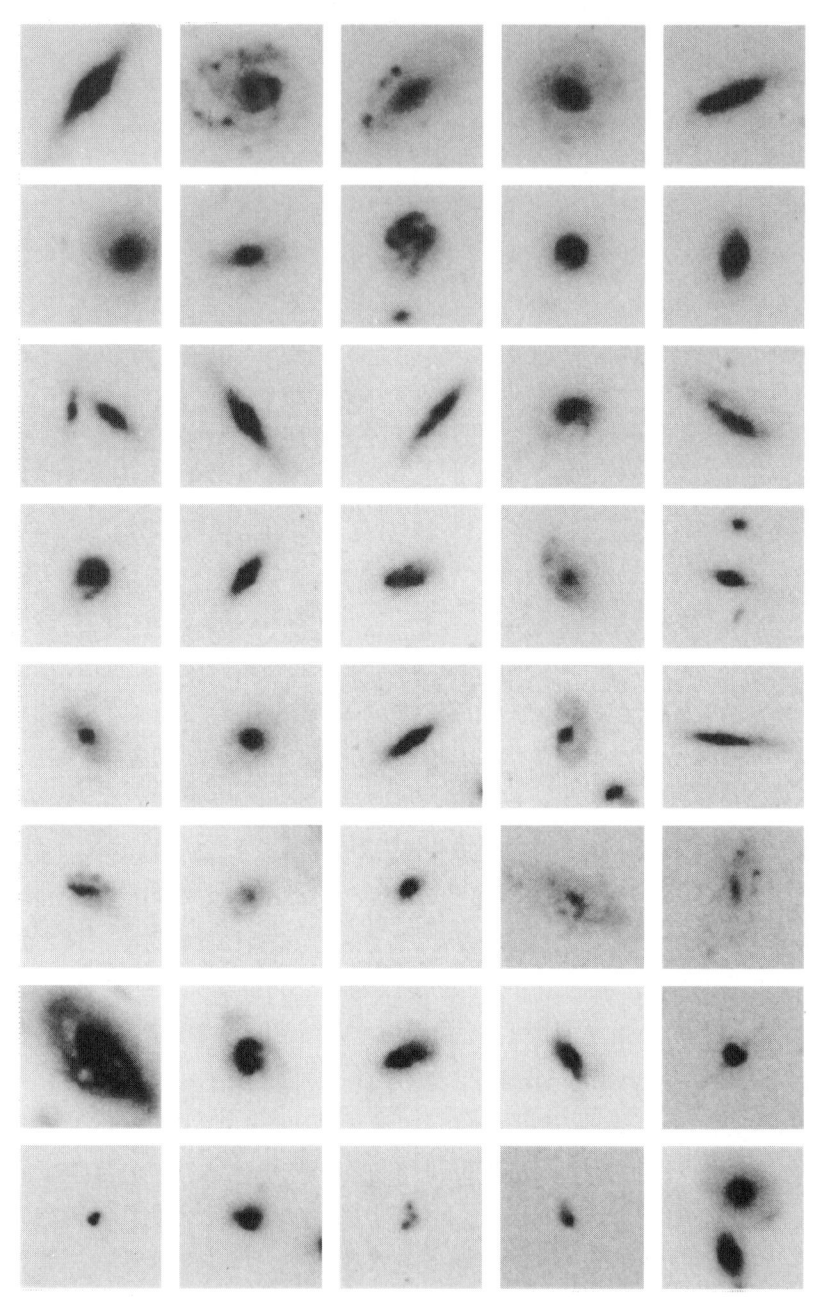

図2.16 赤方偏移0.41の銀河団CL 09039＋4713にある銀河のHSTで撮影されたイメージ。

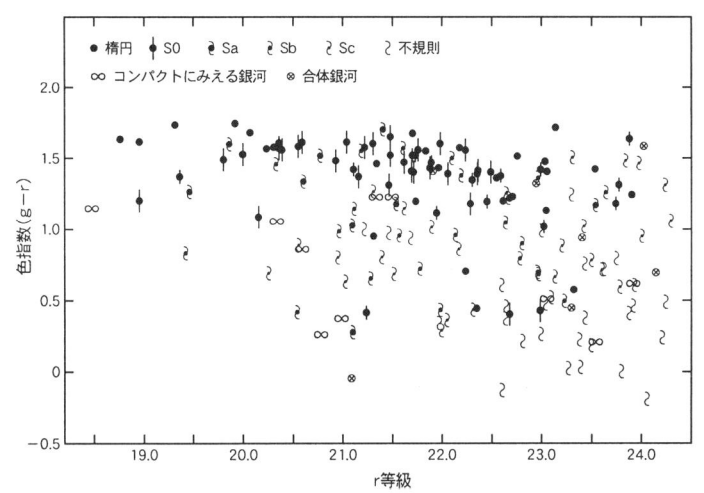

図2.17 銀河団CL 09039＋4713のメンバー銀河の色 - 等級図。横軸は赤いバンドでの銀河の等級で、右にいくほど暗くなる。一方、縦軸は銀河の色で、下にいくほど青くなる。青くて比較的暗い銀河のほとんどは渦巻銀河であることがわかる。

ことができます。彼らは形態分類した上で、図2.17にあるような色 - 等級図を作ってみました。横軸は赤いバンドでの銀河の等級で、右にいくほど暗くなります。一方、縦軸は銀河の色で、下に行くほど青くなります。この図を見るとわかるように、青くて比較的暗い銀河のほとんどは渦巻銀河であることがわかります。つまりブッチャー - エムラー効果を引き起こしていた青い銀河の正体は渦巻銀河だったのです。

　これらの渦巻銀河は近傍にある"普通"の渦巻銀河と同じような性質を持つのでしょうか？　これはとても大切な問題です。彼らは銀河の形態ごとに銀河の色の分布を調べました。そしてそれを銀河団に属さない銀河（フィールド銀河と呼ばれます）の色分布と比べてみました（図2.18）。銀河の形態を(a) E/S0、(b) Sa/b、(c) Sc、(d) Sd/Irr の四つに粗く分類し、銀河団メンバーの色（上のパネル）とフィールド銀河の色（下のパネル）の分布が表されています。E/S0とSa/bでは両者にあまり差がありません。しかし、ScおよびSd/Irrでは銀河団メンバーの方に青い銀河が多く含まれていることがわかります。問題はこの原因です。「青い」原因はおそらく大質量星が生まれている割合が高いためだと思われます。なぜそうなのか！　これは未解決の問題です。

ここで、私たちが注意しなければならない問題は、ふたたび銀河の形態分類の意味です。ドレスラー博士らは近傍銀河の雛型を見ながら、銀河団 CL 09039+4713 にある銀河の形態分類をしたはずです。バルジと円盤の光度比や渦巻の巻きつき具合を注意深く見たはずです。でも、銀河のゆがみについては、どの程度注意を払ったのでしょうか？

　図2.16を注意深く見つめると、この銀河団のメンバー銀河の形態を本当に正しく、近傍の銀河と同じように分類できるのか不安になってきます。しかし、ほとんどの天文学者は彼らの主張を鵜呑みにしています。彼らが、この業界のトップを走る天文学者だからです。

　でも、私はいつも考えます。「銀河は嘘をついていない。しかし、天文学者は間違えることがある」HSTで撮影されたCL 09039+4713のイメージは息を呑むほど素晴らしく、またドレスラー博士らの解析手法も見事です。それでも、私は何となく感じるのです。私たちはブッチャー－エムラー効果の原因をまだ正しく理解していないのだろうと。

　このように考えているのは私だけかもしれません。多くの人たちが納得する答えを探すのはとても大変なことで、長い時間がかかります。大切なことは「私たちのゴールはいつでも真実だけ」だということです。21世紀もこの問題への挑戦が続くことでしょう。

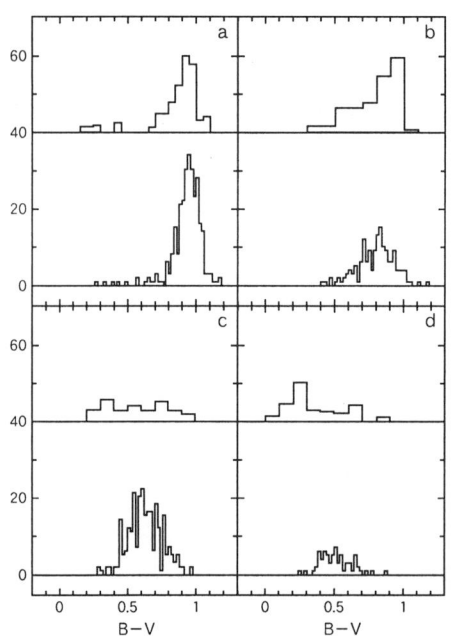

図2.18　銀河団メンバーとフィールド銀河の色の比較を、形態ごとに比較した図。(a) E/S0、(b) Sa/b、(c) Sc、(d) Sd/Irr の四つに粗く分類し、銀河団メンバーの色（上のパネル）とフィールド銀河の色（下のパネル）の分布を表している。ここで横軸の色はB－Vと書かれているが、可視光帯の青（blue　波長440nm）と可視（visual　波長550nm）のバンドで得られた等級の差を意味している。数字が小さいほど、青い光が強くなる。

2.4 100億年前の銀河たち

生まれて間もない銀河ではどんな質量を持った星がどんな割合で誕生したのか。それを調べるためにより「青い」銀河を見つけようとしたが、可視光での発見は困難を極めた。目的の銀河は想像以上に暗くて小さかったのだ。

さて、いよいよ100億年前の銀河たちを調べていくことにしましょう。生まれたての銀河たちです。数十億年前の銀河も正しく理解できていないかもしれないのに、かなり大胆でリスキーではありますが、やはり胸が躍ります。皆さんもそうだと思います。一緒に見ていきましょう。銀河若かりし頃の姿を。

生まれたての銀河では、どのような質量の星をどのぐらい作っていたのでしょうか？ これはとてもむずかしい問題であると同時に、私たちが最も知りたいことでもあります。質量関数がサルピーター博士の導出したもの（図2.3）と同じかどうかもわかりません。しかし、大質量星ができなかったと積極的に考える理由はありません。

大質量星は短命ですが、大量の紫外線を放射します。2.2節でも触れたように、このような大質量星の集団は星々のまわりに電離ガスの星雲を作ります。もし大質量星がたくさんできていれば、大質量星の放射する強力な紫外線や、そのまわりにある電離ガス星雲を観測することができるはずです。

大質量星の表面温度は数万Kにもなり、色でいうと青い星になります。小質量星に比べて圧倒的に明るいので、大質量星がたくさんできると「青く明るい銀河」として観測されることになります。いかにも生まれたての銀河にふさわしい感じがします。パートリッジ（R. B. Partridge）博士とピーブルス（P. J. E. Peebles）博士がこの描像を抱いたのは1967年のことでした。

この"蒼き狼"のような銀河をどうやって見つけたらよいのでしょうか？ 大質量星がたくさんできれば紫外線が強く放射されます。生まれたての銀河は宇宙論的に遠方にあり、典型的な赤方偏移は3から5です。つまり、大質量星から放射された紫外線は、赤方偏移のために可視光帯で観測されることになります。可視光といえば、人類が最も得意とする波長帯です。私たちができ

ることは一つ。可視光帯で、丹念にそのような銀河を探すことです。

このような安易な予想のもとに、1970年代に入るといわゆる「ディープサーベイ」が可視光帯でいろいろな研究者グループによってなされました。しかし、その結果は惨憺たるものでした。期待したような銀河は一つも見つからなかったのです。蒼き狼。それは伝説と化しました。

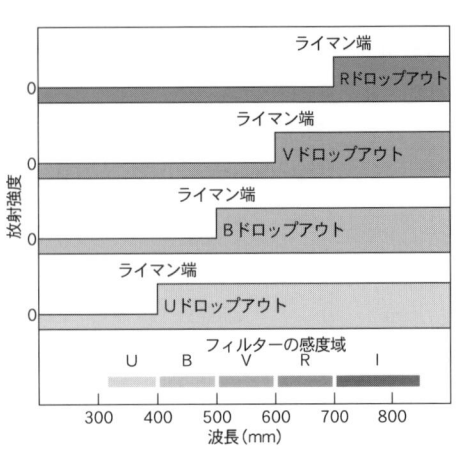

図2.19 赤方偏移によりライマン端がシフトする様子とドロップアウトの原理。

時は流れました。銀河の研究を志した人の夢は「銀河はいつ、どのようにして生まれ、そしてどのように育ってきたか」を理解することにあります。この業界のトップの一人、カウイ（L. L. Cowie）博士の夢もまさにそれでした。彼は1988年の銀河の研究会で、生まれたての銀河を探る一つの方法を提案しました。

「ドロップアウトを探せ!」

さて、少し冷静になって「蒼き狼」のような銀河からどのような放射がやってくるか考えてみましょう。銀河の中でたくさん生成された大質量星は、紫外線から可視光を強く放射します。放射する側には紫外線の波長にリミットはありませんが、観測する我々から見るとリミットが存在します。それは、銀河の光は銀河間空間を通過して我々に届くからです。このとき、銀河間空間にある水素原子は、銀河からやってくる波長91.2 nm（ナノメートル＝10^{-9}m。91.2nm＝912オングストロームで「ライマン端」（→図2.19）に相当する波長）より短い波長の光を吸収してしまいます。したがって、我々はライマン端より波長の長い電磁波だけを観測できることになります。このライマン端は銀河の赤方偏移（z）によってさらに波長の長い方にずれて観測されます。

静止波長 λ_0 の電磁波が、赤方偏移により$1+z$倍だけ波長がのびて観測されます。つまり、観測される波長 λ_{obs} は λ_0 と $\lambda_{obs}=(1+z)\times\lambda_0$ という関係にありま

す。

　したがって、赤方偏移が1、2、3、4、5となるにつれて、ライマン端の波長は182.4、273.6、364.8、456.0、547.2nmにずれていきます（図2.19）。この性質をうまく利用すると遠方の銀河を探すことができます。

　たとえば、UバンドとBバンドのフィルターを使って、遠方の銀河のサーベイをやってみたとしましょう。これらのフィルターの重心波長は、360nmと440nmです（これらの重心波長は一般的なフィルターシステムの値です。後で紹介するHDF（→p. 44）で使用されたフィルターは特別仕様なので一般のフィルターと重心波長が違うことに注意してください）。Uバンドのフィルターを通して撮影したイメージには何も写っていなくて、Bバンドのイメージには写っている銀河があるとします。この場合、ライマン端が赤方偏移のためUバンドのカバーする波長帯を超えてしまい、Bバンドにライマン端が入っていることになります。つまり、Bバンドより波長の長い帯域では見えるが、Uバンドでは見えない銀河（「Uドロップアウト」と呼ぶ）を探すと、$z>3$の銀河が見つかることがわかります。この方法を使えば良いのです。

　この手法を実践したのは、シュタイデル（C. C. Steidel）博士でした。彼は、カリフォルニア工科大学でサージェント（W. L. W. Sargent）博士の指導を受けて博士号をとったエリートです。彼の博士論文のテーマは銀河ではなく、活動銀河中心核の代表選手であるクェーサー（→p.44コラム）の研究をしていました。彼はこの研究を通じて、生まれたての銀河を探る方法を見出しました。その方法は、カウイ博士の方法と偶然にも同じでした。いまでもそうですが、銀河とクェーサーではまったく研究分野が違います。クェーサーを研究していたシュタイデル博士は、偶然（あるいは"必然的に"）カウイ博士の提案した方法にたどり着いたのです。

　彼は、とりあえずUドロップアウトの探査から始めました。この広い宇宙を闇雲に探していてもしょうがありません。しかし、彼には強い味方がいました。クェーサーです。クェーサーは銀河の100倍以上明るいので、遠方にあっても十分観測できます。しかも、いろいろな赤方偏移に、つまりさまざまな距離にクェーサーが見つかっています。Uドロップアウトを見つけたれ

ば、赤方偏移3程度のクェーサーのまわりを丹念に調べれば良いのです。

　これは、とても賢明な判断でした。彼は注意深く暗い銀河を調べ、Uドロップアウトを選び出しました。そして世界最大の口径10mのケック望遠鏡を使って実際にスペクトル観測を行ってみました。すると、まさに赤方偏移が3から4程度のものがちゃんと見つかったのです（図2.20）。赤方偏移した紫外スペクトルを見ると、大質量星の証拠が確かにありました。「蒼き狼」はいたのです。その個数は、いまでは数千個にもなっています。ライマン端は英語ではLyman break（ライマン・ブレーク）と言います。そのためこのような手法で見つけられた銀河は「ライマン・ブレーク銀河」（略称LBG）と呼ばれます。

　これに勢いづき、彼はHSTを使って観測を始めました。HSTの威力は並外れています。その圧巻はハッブル・ディープ・フィールド（HDF）の観測です（図2.21）。おおぐま座の方向にある、わずか4.7平方分角の天域。この天域の

Column

活動銀河核とクェーサー

　銀河中心核から莫大なエネルギーを放射している銀河を「活動銀河」と呼びます。また、そのような銀河中心核を「活動銀河核」（active galactic nucleus：AGNと呼びます）。

　AGNから放射されるエネルギー量は銀河全体の光度にも匹敵します。クェーサーはその中でも一番有名なAGNです。

　クェーサーはもともとは電波源として1963年に発見され、光学写真には星のように写っている天体だったので、「Quasi-Stellar Radio Sources（準恒星状電波源）」と名付けられました。クェーサー（Quasar）はその略称です。

　クェーサーは銀河全体の100〜1000倍のエネルギーを銀河中心領域から放射しています。一般的に約$10^{12}L_\odot$の光度を銀河中心領域から放射しているAGNをクェーサーと呼んでいます。

　クェーサーのうち、約9割は「電波の弱いクェーサー（radio-quiet quasar）」として観測されます。しかし、クェーサーの約1割は強い電波源として観測されており、これらは「電波の強いクェーサー（radio-loud quasar）」として区別されています。

　AGNのエネルギー源は銀河中心核に存在する超大質量ブラックホールに起因します。このブラックホールにガスなどが吸い込まれるときに解放される重力エネルギーをうまく利用して、熱や電磁波を強烈に放射することができます。

　人類はダムを利用して水力発電という方法をあみだしましたが、使える重力エネルギーはたかがしれていました。そのため、もっと効率の良い原子力発電に頼るようになってきました。しかし、巨大な重力場を利用できる銀河中心核にとっては重力発電が一番効率的な発電方法になっています。所変われば品変わる、ということですね。

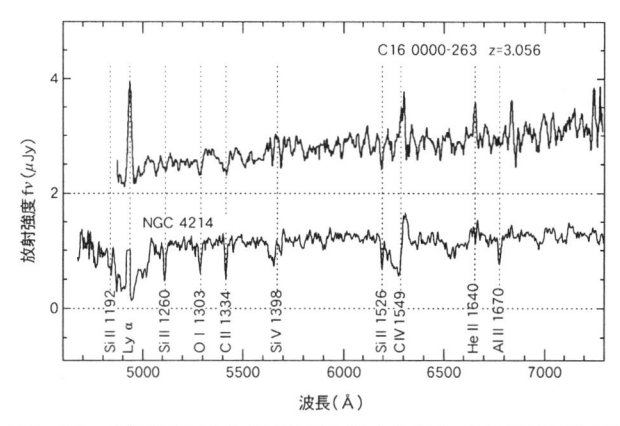

図2.20 口径10mのケック望遠鏡で得られたLBGのスペクトルの例。赤方偏移のため、銀河の紫外部のスペクトルを見ていることになる。横軸は波長、縦軸は放射強度で、単位 μJy（マイクロジャンスキー）は $10^{-32} Wm^{-2}Hz^{-1}$ に相当する。いくつか特徴のある輝線や吸収線が見えている。これらの輝線を使って、赤方偏移を測定する（赤方偏移の定義については補遺3）。下に示してあるスペクトルは、近傍にある星生成が活発な不規則型銀河NGC4214の紫外部のスペクトル。上のスペクトルとよく似ている。

観測におしげもなく140時間もの観測時間を投入したのです。しかも300nm、450nm、606nm、814nmの四つのフィルターを使って、できる限り暗い天体の検出を試みました。限界等級はなんと29等にまで達しました。月面でゆれる蝋燭の炎を見るような芸当です。HDFには2000個以上の銀河が検出されました。そして、やはりいました。HDFの中にも「蒼き狼」が潜んでいたのです。

なぜ「蒼き狼」は簡単に見つからなかったのでしょうか？ 答えは簡単です。暗すぎたのです。赤方偏移が4ぐらいの蒼き狼たちの等級は24〜25等です。一方、4m級の望遠鏡でスペクトル観測ができるのは、22〜23等ぐらいまでです。やはり、口径10mのケック望遠鏡の登場が必要だったことがわかります。もちろんハッブル望遠鏡による解像度の良いイメージングもきわめて大切です。暗い銀河のイメージも鮮明に見えるからです。

しかし、蒼き狼の観測の成功は、いくつかの新たな疑問を私たちに投げかけました。それは、いずれの蒼き狼たちも"小さい"ことです。典型的な銀河の大きさは、10万光年程度です。しかし、見つかった蒼き狼たちは、その1/10程度の大きさしかありません。また、光度も暗いのです。やはり、典型的な銀河の1/10程度の明るさしかないのです。

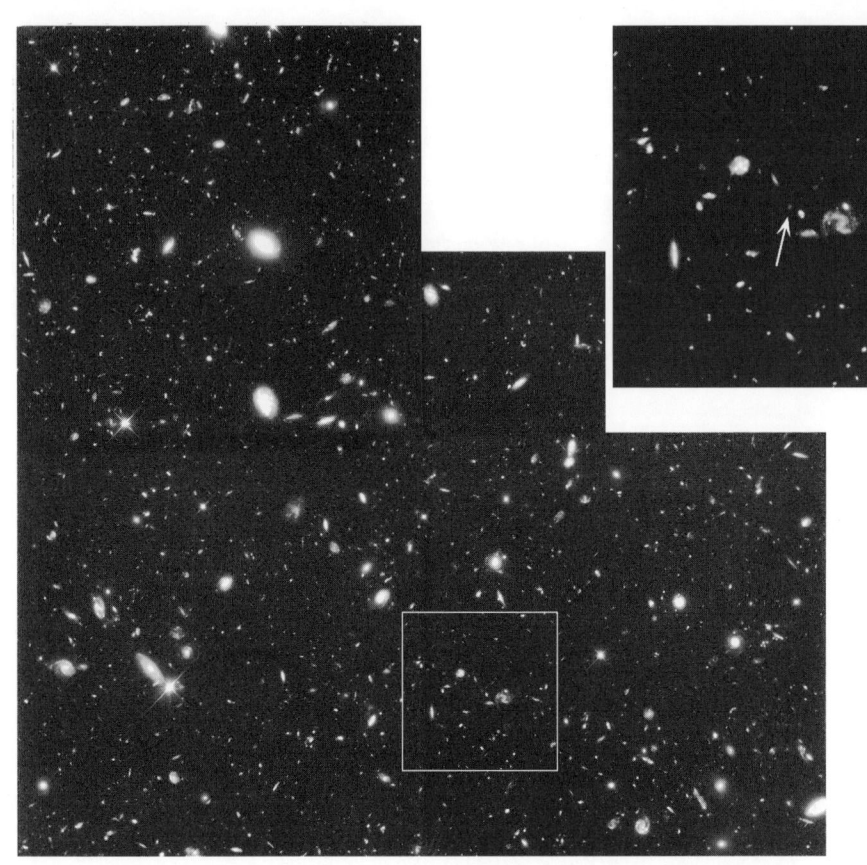

図2.21 ハッブル・ディープ・フィールド。少し変わった形の天域だが、2.5分角×2.5分角のサイズ。太陽や月の見かけの大きさは30分角なので、HDFの見かけの面積は、そのわずか150分の1。いかに狭いかがわかる。白枠の部分の拡大が右上の写真で、矢印の先に見えるのが若い銀河（図2.22を参照）。本当は"蒼き狼"なのだが（つまり銀河の放射する紫外光を見ている）、赤方偏移のために赤く見えることになる。

　銀河の表面輝度は宇宙膨張の影響で$(1+z)^4$で暗くなっていくので、赤方偏移の大きな銀河では外側の淡い構造を観測するのは原理的にむずかしいことがわかっています。そのため、私たちはまだ蒼き狼の全貌を見ていないのかもしれません。しかし、本当に暗く、小さいのかもしれないのです。
　銀河は、銀河よりも小さなガスの塊が合体しながら成長してきた可能性が高いと考えられています。もしそうだとすれば、私たちは発展途上の蒼き狼を見ていることになるのかもしれません。この見極めが銀河の進化を理解す

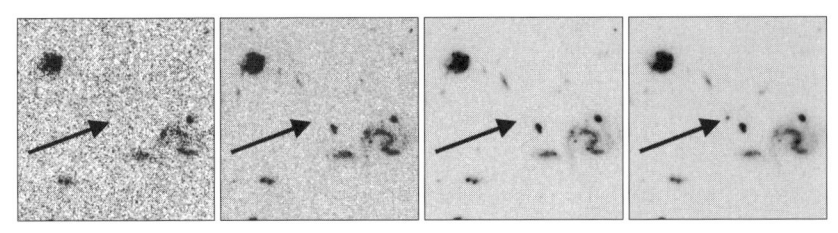

図2.22 ハッブル・ディープ・フィールドの観測で見つかった若い銀河のクローズ・アップ（矢印の先）。左から300nm、450nm、606nm、814nmの四つのフィルターを使って撮影したイメージ。左から三つ目までには何も写っておらず、一番右の814nmで撮影したものにだけ写っている。つまり、ライマン端が赤方偏移のために606nmのフィルターがカバーする波長帯より長波長側に移り、814nmのフィルターのカバーする波長帯に入ってきていることがわかる（K. Lanzetta博士提供）。

る重要なポイントになります。

さて、Uドロップアウトを見つける方法は、いろいろなバンドに応用できます。もしBバンドでドロップアウトを見つけることができれば、赤方偏移5の銀河が見つかります。実際にはこの方法でVドロップアウトまでは確実に見つかっています。Vバンドの波長は606nmなので、その赤方偏移は約6にもなります（図2.22）。

そして、ついにJドロップアウトまで見つかり始めました（図2.23）。Jバンドの波長は1.2ミクロンなので赤方偏移は10を超えることになります。銀河を

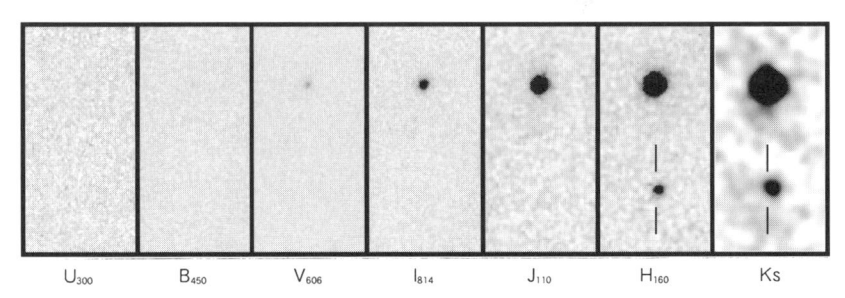

図2.23 HDFで見つかったJドロップアウトの例（下の線で挟まれた銀河）。上に示してあるのは赤方偏移1.3にある比較的赤い楕円銀河で、可視光（Vバンド）から近赤外線域までよく見えている。しかし、下の銀河はHバンドで突然見え始めている。ライマン端がJバンドを超えているためだと考えるのが最も自然。近赤外線でディープなイメージを撮る目的の一つは、このように近赤外線でしか見えない銀河を捜すことである。もし、Hドロップアウトが見つかればライマン端が波長1.6ミクロンを超えていることになり、赤方偏移は優に15を超える。この赤方偏移は、宇宙誕生後まだ数億年しか経っていない頃に相当する。まさに、生まれたての銀河としかいいようのない天体になる。今後、このような天体がすばる望遠鏡などの活躍でどんどん見つかってくるかもしれない。

第2章 銀河の育ち方──蒼き狼の伝説

図2.24 すばる望遠鏡(左)とそのドーム(右)。すばる望遠鏡の左下に見えるかまぼこ屋根の建物はすばる望遠鏡の観測制御棟で、左上に見えるのは口径10mのケック望遠鏡の1号機のドーム。

作るガスの塊は赤方偏移30から10ぐらいからでき始めたと考えられているので、そのような銀河が見つかっても不思議はありません。しかし、きちんと確認するまでにはもう少し時間がかかるでしょう。

いろいろな波長帯でドロップアウトを探す方法は、かなり確立されたものといっても良いでしょう。しかし、やはり最後はスペクトル観測で動かぬ証拠を見つけなければなりません。たとえば、水素ガスの放射するライマンα輝線が赤方偏移のため近赤外域にきているかを確認することです。このような観測には日本のすばる望遠鏡(図2.24)が活躍するでしょう。

第3章 銀河の育ち方 —— 赤い繭の伝説

Keywords

ダスト　dust
暗黒星雲　dark nebula
赤外線放射　infrared radiation
サブミリ波　submillimetre-wave
赤外線銀河　infrared galaxy
ボトムアップ　bottom up

3.1　暗黒星雲の秘密

アンドロメダ銀河を遠赤外線（塵が暖められたことによる熱放射）で見ると、Hα線の輝いているところと同じ場所が明るくなっている。これは、そこで大質量星がたくさん誕生していることを示している。同時に、星々の光を隠す塵がたくさんあることも意味している。

　荒っぽくいえば、銀河は星でできています。したがって、銀河の誕生と進化の過程は、その銀河の中で、どのように星々が生まれたかということに結びついています。第2章では、活発に星を作っているスターバースト銀河を紹介しました。そして、それをスケールアップしたような若い生まれたての銀河の姿も紹介しました。それらは、大質量星が放射する紫外光が丸見えの銀河でした。しかし、生まれたての銀河はいつもスターバースト銀河のように見えるのでしょうか？　実はそうではありません。

　2.2節で見たように星の"ゆりかご"は冷たい分子ガス雲です。その分子ガス雲には思わぬ伏兵が潜んでいます。それはダスト（塵粒子）です。もし、星のまわりにダストがたくさんあると、星からの放射は大きな影響を受けます。散乱と吸収です。

　たとえば、私たちと星の間にダストがあると、星の光の一部はダストに散乱されて、私たちの方向にはこないで、別の方向へいってしまうことがあります。また、逆に散乱されてうまい具合に私たちの方向へやってくる光もあることになります（図3.1a）。一方、星の光の一部は、ダストに吸収されてしまうこともあります。この場合、星の光はダストを暖めるのに使われます（図3.1b）。

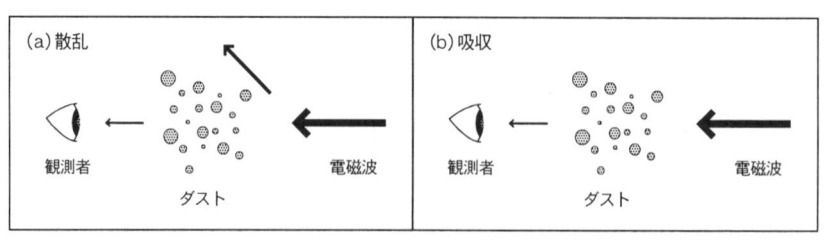

図3.1　(a) ダストによる光の散乱と (b) ダストによる光の吸収。

ダストは、銀河の中にあるいろいろなガス（分子ガスや原子ガス）と共存しています。ガスとダストの質量比は100対1ぐらいです。たとえば、ある銀河で$10^{10}M_\odot$のガスがあると、$10^8M_\odot$のダストが存在することになります。

さて、ダストと一口にいっても、実はいろいろな種類のダストがあります。シリケイト化合物や、炭素原子がたくさんくっついているようなもの、そして氷などもダストの一種です。ダストの性質はそのサイズが0.01ミクロンより大きなダストと、それより小さなダストで変わってきます。以下では簡単のため、"大きな"ダスト、あるいは"小さな"ダストということにします。表3.1に、ダストの簡単なまとめを示しておきます。

大きなダストは比較的壊れにくい性質を持っています。壊れるプロセスとしては、ダスト同士の衝突による破壊や、エネルギーの高い光子との反応で、ダストを作る原子などが剥がされていくものが主です。この壊れにくい性質のおかげで、サイズの大きなダストは、大質量星のまわりにあっても、壊されないで残っています。これらの大きなダストは星からの放射を吸収して温まります。とはいっても、絶対温度で30Kから50K程度なので私たちの感覚からすると、とても冷たいといえます。しかし、銀河の中にある平均的な分子ガス雲の温度は10Kですから、これでも暖かいほうになります。

これらの大きなダストは、星からの放射で熱平衡状態になっているので、熱放射を出します（黒体放射）。30Kから50K程度の物体からの熱放射のピークは波長が数十ミクロンになり、赤外線放射として観測されます。銀河からやってくる赤外線の主たる放射源はこのようなダストなのです。もし、まわりに

表3.1 ダストの種類

種類	サイズ	例
サイズの大きなダスト	0.01ミクロン以上	シリケイト化合物 不純物を含んだ氷
サイズの小さなダスト	0.01ミクロン未満	PAH 球形のグラファイト

表3.2 赤外線の分類

名称	波長の範囲
近赤外線	1〜5ミクロン[※1]
中間赤外線	5〜30ミクロン
遠赤外線	30〜300ミクロン
サブミリ波[※2]	300〜900ミクロン

※1 ミクロンは1mの100万分の1。
※2 サブは1/10を意味するので、本来は1ミリの1/10のオーダーの波長帯をいう。その意味で、100ミクロンは0.1ミリなのでサブミリといってもよいが、慣習として、左に示したような区分けになっている。

第3章 銀河の育ち方——赤い繭の伝説

図3.2 PAH分子の例。上から、コロネン、シルコビフェニル、ダイコロネン、そしてオバレン。耳慣れない名前だが、右側のパネルにはそれらが放射する特徴的な輝線を示している。多数の輝線が同じような波長のところに出るので、こんもりと盛り上がったような輝線バンドのように見えている。点線で示したものは、実際に星生成領域のまわりにあるダストからの放射スペクトル。PAH分子の特徴と比較的良くあっていることがわかる。

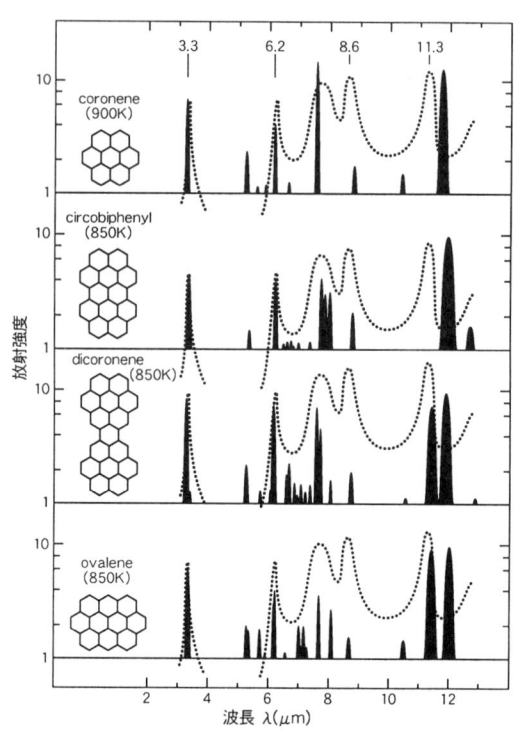

大質量星がなければ、大きなダストの温度は10Kぐらいなので、このようなダストは、波長100ミクロンを超えるところにピークを持つ熱放射を出します。つまり、いろいろな温度の大きなダストが赤外線の世界（表3.2）の主として君臨しているのです。

　星を作っている領域から離れた場所にも、ダストはあります。これらのダストは、熱源があまりないために、10K程度の低温になっています。また、絹雲のように、刷毛ではいたような雲状の構造をしていることが多いので、「シラス（絹雲）」と呼ばれています。

　大きなダストにとって、もう一つ大切な場所があります。それは、年老いた星（たとえば赤色巨星）のまわりにあるガス雲の中です。これらのガスは星の表面から放出されたもので（たとえば、太陽も太陽風としてガスを放出しています）、星のまわりに溜まります（星周ガスと呼びます）。これらが中心の星によって暖められて、やはり熱放射で赤外線を放射します。銀河の中に潜むダ

ストはいろいろな場所で暖められて赤外線を放射しているのです。

　さて、今度は小さなダストのお話です。大きなダストが熱放射しているのに対し、小さなダストはまったく違う方法で赤外線を放射しています。小さなダストにもいろいろバラエティがあるので、ここではPAH（ポリサイクリック・アロマティック・ハイドロカーボン Polycyclic Aromatic Hydrocarbon の略で、「パー」と発音します）を例にとってお話することにします。まず、PAHの例を図3.2に示しました。ベンゼン環がたくさん寄り集まったような構造をしています。

　PAHはダストというより、大きな分子という方が良いかもしれません。PAHは、光子を一個吸収するたびに、瞬間的に温まります（正確にはPAHの量子状態を変えることを意味します）。そしてPAHのエネルギー状態を変えることで、赤外線を放射します。つまり、原子や分子がエネルギーの高い準位から低い準位に遷移するとき、そのエネルギー差に相当するエネルギーを持った光子を放出することと基本的には同じです。

　図3.2に示したように、PAHの構造は複雑です。そのため多数のエネルギー準位があるので、いろいろな波長の赤外線を放射することができます。その放射の様子を図3.2の右側のパネルに示しました。ところどころに、山のように盛り上がった輝線のバンドが見えています。たとえば、波長3.3ミクロンのあたりや、7ミクロン、また11ミクロンのあたりにもあります。銀河の中間赤外線のスペクトルを調べてみると、このような輝線バンドが実際に観測されます。星間ガスの中には、PAHのような複雑なものまで含まれているのには驚かされます。またPAHの他にも炭素原子が連なっているようなダストもあります。

　以上のことからわかるように、銀河の中にはいろいろな赤外線源があり、銀河からの赤外線放射はそれらの重ね合わせになっています。星間空間は私たちの想像を超えて多様な物質が存在しているのです。そして、それらは赤外線の世界ではまさに主役を演じているのです。

　中間赤外では、これらの小さなダストが主役です。しかし、クェーサーのようにAGN（→p.44コラム）があると事情は一変します。AGNの周辺には「ダス

図3.3 アンドロメダ銀河の可視光で見た写真（左）と、水素原子ガスの再結合輝線Hα線で見たイメージ（右上）と波長100ミクロンの遠赤外線で見たイメージ（右下）。

ティ・トーラス」と呼ばれるものがあると考えられています。分子ガスやダストでできたドーナツのようなものがAGNのまわりを取り囲んでいると思ってください。この中にある大きなダストはAGNから強烈な放射を浴びています。そのため、場合によっては1000Kぐらいまでダストが暖められることがあります（ちなみに2000Kを超えると、ほとんどのダストは溶けてしまいます）。この場合、大きなダストであっても、熱放射のピークは中間赤外線にくるのです。なかなかやっかいです。

　少し、話が長くなったので、ここで一休み。アンドロメダ銀河を遠赤外線で見てみましょう。図3.3に波長100ミクロンの遠赤外線で見たイメージを示します。参考のために、よく見慣れた可視光での写真も示しました。もう一つ示したのは、電離ガスの放射する水素原子再結合線Hα輝線（→p.129補遺2）で見たアンドロメダ銀河です。100ミクロンで明るいところは総じてHα輝線で

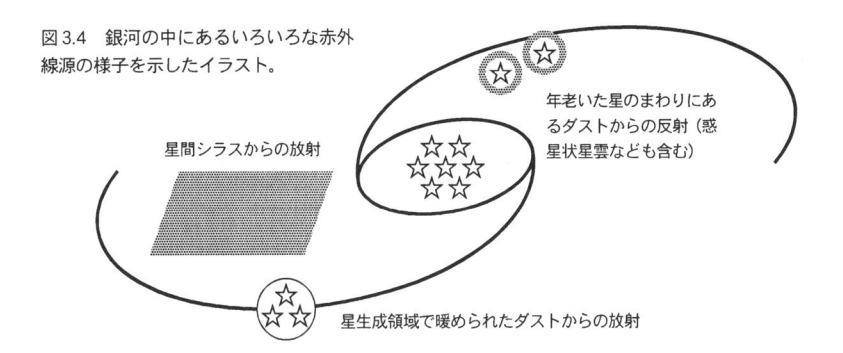

図3.4 銀河の中にあるいろいろな赤外線源の様子を示したイラスト。

星間シラスからの放射

年老いた星のまわりにあるダストからの反射（惑星状星雲なども含む）

星生成領域で暖められたダストからの放射

見ても明るくなっていることがわかります。Hα輝線は電離された水素原子があることを意味しています。

水素原子がたくさん電離されるためには、周囲に太陽より10倍以上重たい大質量星がたくさんなければいけません。つまり、そこは大質量星がたくさん生まれている「星生成領域」であることを意味しています。オリオン大星雲のような場所だと思ってください。アンドロメダ銀河の中心付近でも100ミクロンで明るく見えます。Hα輝線でも明るいので、やはり電離源があることがわかります。しかし、進化した星々の星周ダストからの熱放射も100ミクロン放射の一部を担っています。図3.4に、銀河の中でいろいろな中間・遠赤外線源が分布している様子をイラストで示しました。

ここまで見てきたように、星間物質の構成要素として、ダストはかなり重要な役割を果たしていることがわかりました。そういえば、天の川を眺めると、星が少なく黒っぽく見える方向があります。その方向には、必ずといってよいほどダストがたくさんあります。つまり、黒っぽく見えるのは銀河円盤を漂っているダストのせいなのです。

その他にも、局所的に黒っぽく見える場所があり、それらは「暗黒星雲」という名前で呼ばれています。たとえば、図3.5をご覧下さい。これはへびつかい座のS字暗黒星雲で、その名の通りS字形に見えます。これは密度が比較的高く（平均密度で1000個/cm^3から1万個/cm^3程度）、ガスを電離するような大質量星がまだあまりできていないような場所です。これらの星雲に含まれているダストが背景にある星々の光をさえぎっているのです。

第3章 銀河の育ち方――赤い繭の伝説

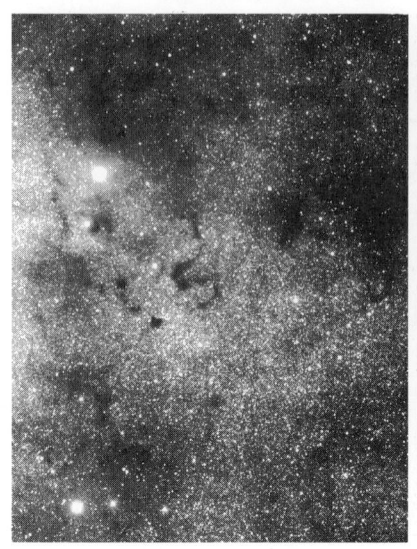

図3.5 へびつかい座にあるS字暗黒星雲。　　図3.6 ばら星雲。距離は4600光年で「ばらの花」のサイズは80光年。

　次に、「ばら星雲」を見てみましょう(図3.6)。これもいっかくじゅう座の方向にあります。オリオン座の1等星ベテルギウスから東の方向へ10度ほどのところに見えます。まさしく、ばらの花のように美しい星雲です。この星雲は、中心に見える散開星団NGC 2244にある星々の放つ紫外線によって電離されています。星雲の部分を良く見てみると、小さな暗黒星雲がたくさんあるのがわかります。これらはグロビュール(日本語では「胞子」といいます)と呼ばれ、この中で新たに星が生まれてくると考えられています。つまり暗黒星雲は"星のゆりかご"のような場所を提供しているのです。

　圧巻は「イーグル星雲」です。ハッブル宇宙望遠鏡がとらえた美しい姿を図3.7に示します。星間ガスの中にそびえ立つように伸びる暗黒星雲の柱(ピラー)。そして、その先できらりと光るもの。星の光です。まさか星の見えない暗黒星雲が星の誕生と深く関わっているとは意外に思われるかもしれません。しかし、星の元になる水素分子のほとんどはダストの表面で水素原子同士がくっついてできるのです。そのためダストと分子ガスは切っても切れない関係にあり、そして星の誕生とも深い関係があるのです。

第3章　銀河の育ち方——赤い繭の伝説

図3.7 イーグル星雲。距離は5500光年。HSTの威力には圧倒される。

3.2　ウルトラ赤外線銀河

生まれたての銀河は塵で隠されているかもしれないという仮説は、赤外線天文衛星（IRAS）の観測で確かめられたが、最初予想していたよりもたくさんの、赤外線で明るい銀河が見つかった。

　前節で見たように、星の誕生現場はダストのたくさんある場所と関係が深いことがわかりました。しかも、生まれたての星々はダストに隠されていることもあることがわかりました。もし、スターバーストのような激しい星生成すらダストに隠されていたらどうなるのでしょう？　スターバーストを起こ

第3章　銀河の育ち方——赤い繭の伝説

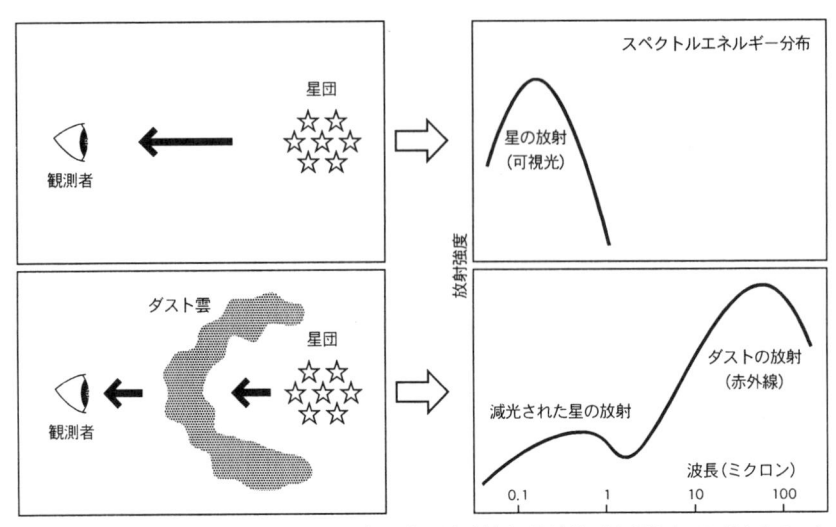

図3.8 星を直接見たときのスペクトル・エネルギー分布(上)と、星がダストに覆われているときのエネルギー分布(下)の比較。

している領域が大量のダストを含む巨大なガス雲に取り囲まれていたら、やはり隠されて見えないはずです。

　そのような銀河があると、可視光では暗くなってしまいます。ダストが大質量星から放射される紫外線や可視光をほとんど吸収してしまうからです(→p.138補遺7)。ではどうやって、そのような銀河を捜せばよいのでしょうか? 赤外線で宇宙を調べるのが一番良い方法です。なぜなら、星からの紫外線を吸収したダストは温度が上がり、赤外線の波長域に大量の熱放射を出すからです(図3.8)。

　「生まれたての銀河はダストに隠されているかもしれない」最初にそう思ったのはカウフマン(M. Kaufman)博士です。パートリッジ(R. B. Partridge)博士とピーブルス(P. J. E. Peebles)博士が「蒼き狼」として生まれたての銀河をイメージしたのは1967年のことでしたが、これがなかなか見つからなかったからです。すでに1976年を迎えていました。当時、最先端の望遠鏡は口径が4mクラスのものでした。また検出器は感度の悪い写真乾板です。遠方の銀河の観測はやはりむずかしかったのです。

　「もし生まれたての銀河がダストに隠されているのであれば、星々に暖めら

れたダストが放射する遠赤外線で探すべきだ」彼女はそう唱えたのです。これは、いまになって考えてみれば、まさに至極明言でした。しかし、当時は叶わぬ夢でした。遠赤外線は地球の大気で吸収されてしまうので、空飛ぶ赤外線天文台が必要だからです。今度は"赤い繭の伝説"の始まりです。

　赤い繭の伝説。これを信じるかどうかは天文学者の勝手です。しかし科学は宗教ではありません。なにか"説"があるのであれば、それを実証していくことが常に求められます。赤い繭の伝説を実証したければ、とりあえず近傍の宇宙を眺めて、それらしい銀河を捜すことが大切になります。

　「蒼き狼」の雛形はスターバースト銀河だったことを思い出してください。しかし、蒼き狼ほど簡単ではありません。先にも述べたように、赤い繭の放射は赤外線にピークを持つからです。しかも地上からは観測できない、中間赤外から遠赤外線（波長数十ミクロン）の観測が要求されます。地球大気の吸収を受けない、空飛ぶ赤外線天文台の登場。これが必須でした。

　そして、多くの天文学者の夢をのせて空飛ぶ赤外線天文台 IRAS（Infrared Astronomical Satellite、「アイラス」と呼びます）がオランダ、イギリス、アメリカの3カ国の共同で打ち上げられました。1983年のことです。

　IRASは、四つの波長帯で全天を探査しました。その波長帯は12ミクロン、25ミクロン、60ミクロン、そして100ミクロンです。これらの波長帯の電磁波は地球の大気による吸収を強く受けるので、地上の天文台では観測不可能です（ただし、12ミクロンと25ミクロンはある程度地上でも観測可能です）。

　IRASはわずか口径60cmの赤外線望遠鏡でしたが、17万個の赤外線源を見つけました（副産物として、いくつかの彗星も発見しています）。そのうち、なんと2万5千個が銀河であることがわかりました。当時、可視光のデータでカタログされている銀河の個数は1万個に満たないものでした。IRASがいかに素晴らしいデータベースを提供してくれたかがわかります。

　IRASの使命は「全天を赤外線でサーベイすること」でした。そして闇の世界に君臨する明るい赤外線銀河をあっという間に見つけ出しました。ウルトラ赤外線銀河（Ultraluminous Infrared Galaxies、ULIG あるいは ULIRG と略します）の発見です。

Ultraluminous Infrared Galaxiesを日本語に直訳すると、「赤外線で非常に明るい銀河」ということになります。これではしまりが悪いので、「超高光度赤外線銀河」という堅苦しい名前がついています。どうも、日本語はこの種の天体の名前にはついていきづらい言語のようです。本書では、簡単に「ウルトラ赤外線銀河」と呼ぶことにしましょう。ただし、国際的にはULIRG（ユーラーグ）と言われることが多いようです。

　赤外線で明るい銀河があることは、1970年代からわかっていました。しかし当時、このようにむちゃくちゃ明るい赤外線銀河が存在することを予見していた人はいませんでした。ようやく、「赤い繭の伝説」が現実味を帯びてくることになりました。

　ウルトラ赤外線銀河の赤外域での光度は太陽1兆個分にも相当します。普通の銀河は太陽にして100億個程度の明るさです（天の川銀河やアンドロメダ銀河はかなり明るい銀河なので、太陽にして1000億個分の明るさがあります）。つまり、ウルトラ赤外線銀河は普通の銀河を100個以上集めて、そのエネルギーをほとんど赤外線で放射している銀河ということになります。まさに"ウルトラ"です。

　ここで、赤外線の光度で見たときの銀河の分類をまとめておきましょう。赤外線の光度の定義はいろいろありますが、ここでは波長が8ミクロンから1000ミクロンにわたって放射される光度を赤外線光度と定義します。

$$L_{IR} \equiv L(8-1000\mu m) = 4\pi D^2 \times F_{IR} \quad (L_\odot)$$

　ここで、D は銀河までの距離で、ミルン宇宙モデルでハッブル定数：$H_0 = 75$km/s/Mpc、密度パラメータ：$\Omega_0 = 0$ を採用して距離を決めることにします（→p.132補遺4, 5）。F_{IR} は、IRASの12ミクロンから100ミクロンまでの観測された放射強度から外挿して評価する8ミクロンから1000ミクロンまでの赤外線放射強度です。

表3.3　赤外線銀河の分類

略称	正式名称	日本語名称	赤外線光度(L_{IR})
LIG	Luminous Infrared Galaxies	明るい赤外線銀河	$>10^{11}L_\odot$
ULIG	Ultraluminous Infrared Galaxies	ウルトラ赤外線銀河	$>10^{12}L_\odot$
HyLIG	Hyperluminous Infrared Galaxies	ハイパー赤外線銀河	$>10^{13}L_\odot$

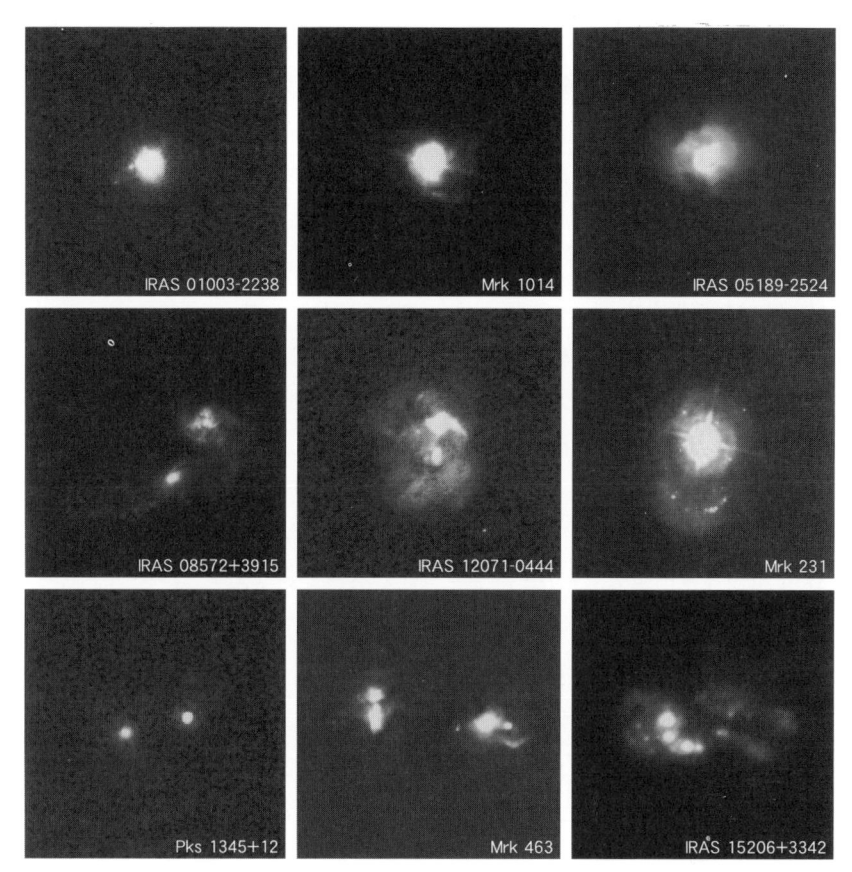

図3.9 ウルトラ赤外線銀河の光学写真。IRASで検出された天体はその位置に応じて名前が与えられている。たとえば、IRAS 05189−2524は、赤経5時18.9分、赤緯−25度24分という位置で見つかったIRAS源であることを意味している。

　IRASで発見されたウルトラ赤外線銀河の個数は100個以上に及びます。ここでは、1990年代前半までに性質が詳しく調べられたウルトラ赤外線銀河について見ていくことにします。

　図3.9に9個のウルトラ赤外線銀河の光学写真を示します。全部が全部、変な形をしていることがすぐにわかります。あきらかに二つの銀河として見えているものもあります(IRAS 08572+3915、IRAS 12071−0444、そしてMrk 463などです)。残りの銀河も怪しげな形をしています。

　あきらかなこと。それは、これらのウルトラ赤外線銀河が普通の円盤銀河

や楕円銀河ではないということです。わかったことは「ウルトラ赤外線銀河は、みな合体しつつある銀河である」ということです。果たして、何個の銀河が合体しつつあるのか？　この質問に明確に答えるのは結構むずかしいのです。なぜなら、ウルトラ赤外線銀河で起こっている合体はすでにかなり進行してしまっているからです。「いま2個見えるから2個」というふうには結論できないのです。しかし、とりあえず2個の銀河が合体していると考えるほうが当時は無難でした。

　ウルトラ赤外線銀河の性質を調べるために、いろいろな観測が行われました。まず、可視光のスペクトル（分光）観測が行われました。中心部には電離ガスに特有のさまざまな輝線が検出されました。その性質を調べると、スターバーストよりも、AGNによって電離されているものが多いことがわかりました（実は、後になってから間違っていることがわかりました）。「銀河の合体でAGNができたのだろうか？」こう考える研究者は結構多かったはずです。

　ガスがどのぐらいあるかも調べられました。分子ガスの量を測って見ると、だいたい$10^{10}M_\odot$のガスがあることがわかりました。普通の銀河では$10^9 M_\odot$ぐらいなので、ウルトラ赤外線銀河は、きわめて大量のガスを持っていることになります。もし2個の銀河が合体したのだとすれば、2個とも大量のガスを持っていた円盤銀河だったことになります。

　分子ガスの観測でもう一つ面白いことがわかりました。普通の円盤銀河では分子ガスは中心部の方で多いものの、円盤全体にも広がっています。しかし、ウルトラ赤外線銀河ではほとんどの分子ガスが中心の1kpcぐらいの領域に集まって分布しているのです。銀河の合体によって、ガスが中心部に集まってきたと考えるしかありません。これは非常に重要な特徴です。

　たとえば、スターバーストを起こすにしても、星の原料であるガスを中心に集める必要があります。また、AGNのエンジンを働かせるためには、中心部にある超大質量ブラックホールに燃料となるガスを落とし込んでやる必要があります。つまり、スターバーストにせよ、AGNにせよ、いずれも合体銀河の中心部にガスを集めることが必要なのです。

　しかし、ここでは逆に考えてみましょう。「銀河の合体は、銀河円盤にあっ

たガスを効率よく合体銀河の中心に集めることができる。だから、中心部では激しいスターバーストが発生したり、ブラックホールへの効率的な燃料補給ができるので明るいAGNに進化することができる。そして、スターバーストでいっぱい生まれた大質量星やAGNがまわりにあるダストを暖め、華々しく赤外線を放射させる」こう考えると、ウルトラ赤外線銀河と銀河の合体が論理的につながります。

このアイデアにいち早く気がついたのは、カリフォルニア工科大学のサンダース(D. B. Sanders)博士らでした(図3.10、現在はハワイ大学天文学研究所)。彼らはこのアイデアをさらに魅力あるものにしました。ウルトラ赤外線銀河の中心部で発生したスターバーストによって生まれた大質量星は、1億年もすればほとんどの星が超新星爆発を起こして死にます。大質量星の個数はおそらく100万個以上です。つまり、100万個の超新星爆発が起こるのです。もの

図3.10　サンダース博士(左)。中央はマサチューセッツ大学のジュディ ヤング博士、そして右が筆者。1997年夏、京都で行われた国際会議のディナーパーティの会場で撮影したもの。私は会議の組織委員をしていたので、真面目にネクタイをしている("雑用係"だとすぐにわかるように)。ヤング博士と私は両手をフラダンス("フラ"自身、ダンスの意味を持つので、フラダンスというのは正しくないそうだ。「フラ」だけでよい)のように動かしている。実は、ウルトラ赤外線銀河の形がフラの様子に似ていることから、仲間内ではフラの真似をしながら、「ウルトラルミナース」といって遊んでいた。サンダース博士は「ばかばかしい」といって、決してこの遊びはやらなかった。私たち3人は、ハワイ島マウナケア山やマサチューセッツにある電波天文台で一緒に観測をしてきた仲間。

すごいエネルギーの爆風が吹き荒れます。そして、爆風は合体銀河の中心に集まってきたガスを銀河の外へ吹き払ってしまいます。第2章の2節で紹介した「スーパーウインド」、あるいは「銀河風」と呼ばれる現象です。

ガスと一緒にダストも当然吹き払われます。こうなると、赤外線を放射するものがなくなるので、赤外線では暗くなってしまいます。しかし、いままで中心部を覆っていたダストがなくなるので、中心部は丸見えになります。その中心部にあるものは？　明るいAGN。そうです、クェーサーです。彼らは提案しました。「ウルトラ赤外線銀河はクェーサーに進化する！」

このアイデア（図3.11）は、たちまち世界中の銀河天文学者をとりこにしました。かくいう私も、そうでした。ウルトラ赤外線銀河のクェーサー伝説。1988年に幕が上がりました。IRASの打ち上げから、すでに5年の歳月が流れていました。あるいは、まだ"たった"5年の歳月しか流れていなかった、というべきかもしれません。当時、クェーサーの起源に関する研究は行き詰まっていました。IRASが、そして赤外線天文学がクェーサーの研究にまったく新しい「視点」を与えたことは特筆すべきことのように思えます。とても新鮮な息吹が感じられたことは確かでした。

二つの巨大円盤銀河。

⇓

合体して中心部で
激しいスターバーストを起こしている。

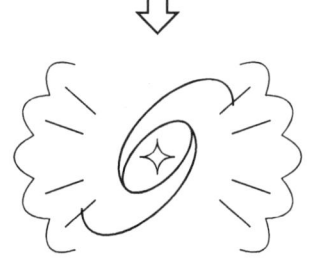

⇓

激しい超新星爆発が起こり
中心領域のガスを吹き飛ばす。

⇓

中心核（SMBH）へのガス供給により、
裸のクェーサーが見えてくる。

図3.11　ウルトラ赤外線銀河からクェーサーへ進化するモデル。SMBHは超大質量ブラックホール（super massive black hole）の略。

3.3 若きウルトラ

最も明るい赤外線銀河と思われたものは、実は、重力レンズによる増幅作用の結果だということがわかったが、その後も、本当に赤外線で明るい（生まれたての）銀河を探す試みは続けられている。

　私たちは、近傍の宇宙に潜んでいたウルトラ赤外線銀河の存在に驚かされました。そして、とうとう「赤い繭の伝説」が現実のものとなる日がやってきました。1991年のことでした。

　ウルトラ赤外線銀河発見の立役者であるIRASはさらに大成果を上げました。IRASは全天を何回かスキャン観測をしました。したがって天域によっては3回から4回の観測データがあり、それらをていねいに足し合わせて、少しずつ暗い赤外線源を検出することができました。

　イギリスのローワン・ロビンソン（M. Rowan-Robinson）博士らのグループはこれらの赤外線源のスペクトル観測を延々と行っていました。彼らは約1000個の天体を観測し、なんとその最後の天体が大当たりだったのです。赤方偏移2.3の赤外線銀河を発見したのです。その名前はIRAS F10214+4724です。"F"は"faint（微光）"を意味します（図3.12）。

　彼らは早速、この銀河の赤外線光度を見積もってみました。すると太陽光度の100兆倍という数字が出てきました。この値は、いままで見つかっていたクェーサーの中でも一番明るい光度に匹敵します。スペクトルはクェーサーのものとは異なり、スターバースト銀河の方に近いものでした。彼らは興奮しました。「宇宙で一番明るいスターバースト銀河を見つけた！」世紀の大発見です。彼らの論文は1991年の『ネイチャー誌』に載り、絶賛をあびました。

　しかし、ドラマが待っていました。その後、この銀河の高分解能のイメージがいろいろな天文台で撮られました。それらを詳細に眺めてみると、どうも形が変なのです。三日月型をしているのです。また、その後のスペクトル観測は、IRAS F10214+4724の赤方偏移とは異なる赤方偏移の成分を示唆していました。

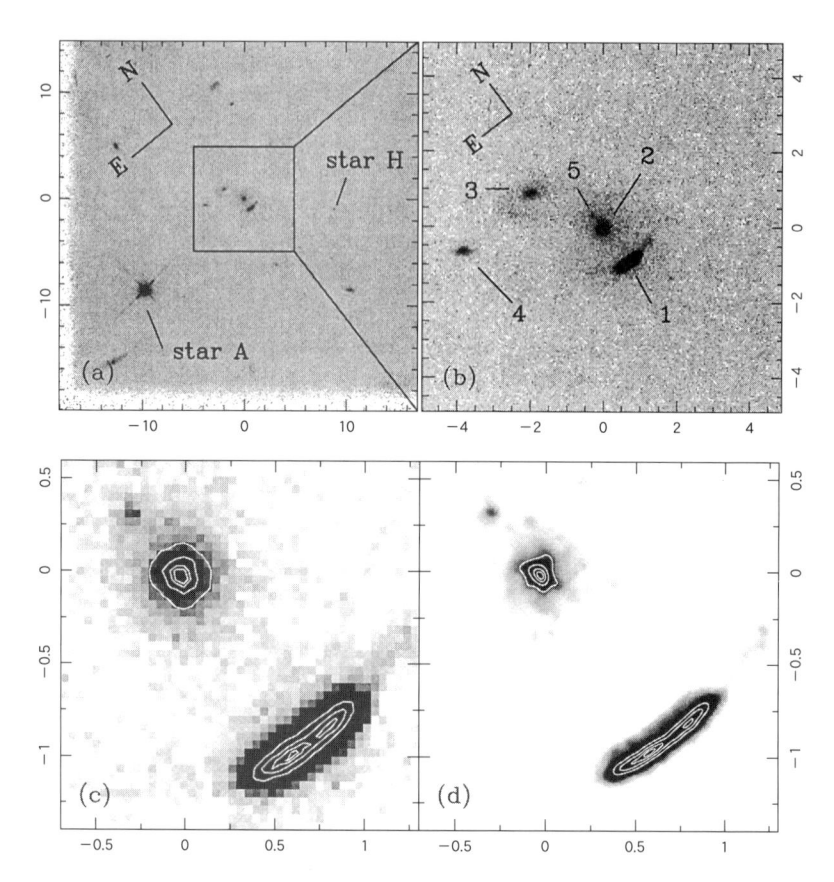

図 3.12 IRAS F10214+4724 の可視光のイメージ。パネル (c) と (d) は (b) よりさらにイメージの質をあげて、見やすくしたもの。成分 1 が重力レンズ効果で明るく見えている本体。成分 2 は、重力レンズを担っている赤方偏移約 0.9 の楕円銀河。成分 5 も本体のレンズ像だが、こちらは非常に暗く写っている。この像は下の (c) と (d) の高分解能イメージでよく見えている。成分 3 と 4 はそれぞれ独立した銀河で、IRAS F10214+4724 とは関係がないと思われている。図のスケールは縦軸、横軸ともに秒角である。

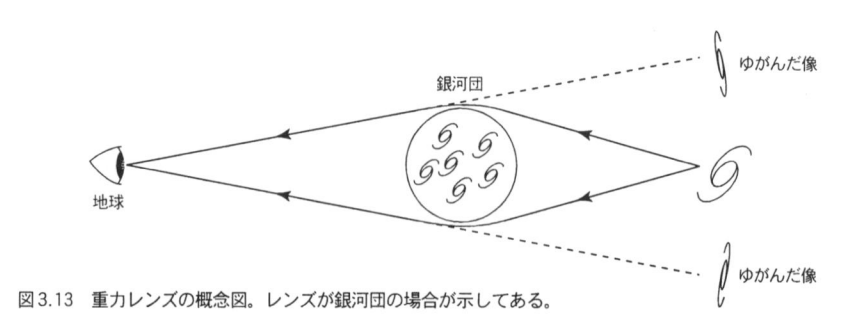

図 3.13 重力レンズの概念図。レンズが銀河団の場合が示してある。

第 3 章 銀河の育ち方——赤い繭の伝説

ここで、図3.12をもう一度見てください。IRAS F10214+4724の本体は成分1と成分5です。この間に、丸く見える成分2があります。実は、この成分2は赤方偏移約0.9にある楕円銀河であることがいろいろな観測からわかってきました。では、なぜ本体が成分1と5に分かれて見えているのでしょうか！　最も自然な解釈は「重力レンズ」現象です。遠方の銀河と私たちの間に、たまたまいいところに銀河があると、その銀河の重力のおかげで背景にある天体の光が増幅されて見える現象です（図3.13、図3.14）。

　結局、IRAS F10214+4724の異常に明るい光度は「重力レンズによる増幅」と結論されたのです。増幅率はだいたい100倍ということになりました。したがって、この銀河の赤外線光度は太陽光度の1兆倍という数字に落ち着きました。これは、近傍の宇宙で発見されたウルトラ赤外線銀河と同じような値です。残念でした!?

　しかし、がっかりすることはありません。むしろ私たちはもっと素直に驚いた方が良いくらいです。つまり、赤方偏移2.3にウルトラ赤外線銀河のような激しいスターバーストを経験している銀河があることがわかったからです。赤方偏移から判断すると、IRAS F10214+4724は、まだ生まれてから30億年ぐらいしか経っていないと思われます。まさに"若きウルトラ"の登場を意味す

図3.14　銀河団Abell 2218（赤方偏移0.175）による重力レンズで見えている背景の銀河。約80個の銀河が重力レンズでアーク状に見えている。これらの銀河の赤方偏移はまちまちで、近いものは0.2、遠いものは3くらいだと考えられている。

第3章　銀河の育ち方——赤い繭の伝説

るのです。

　IRAS F10214+4724の赤外線光度を星の生成率に変換すると、1年当たり太陽100個分のガスを星にしていることになります。これは典型的な銀河の星生成率の100倍にも達します。IRAS F10214+4724はたった1個で赤い繭に包まれた「原始銀河」伝説の主役に踊り出ました。その後、赤方偏移0.93にIRAS F15307+3252と呼ばれるウルトラ赤外線銀河も発見されました。しかし、これらの発見は単なる前触れにしかすぎませんでした。

図3.15　アリアンロケットで打ち上げられるISOの雄姿。

　1995年。今度はヨーロッパ連合チームが新しい赤外線天文衛星を打ち上げました。名前はISO（アイソ、Infrared Space Observatoryの略。図3.15）です。IRASに比べると100倍以上感度が良くなっていたので、"赤い繭"に包まれた「原始銀河」探査にはまさにうってつけの天文台でした。このISOを使って、地上からは観測できない中間赤外線（波長7ミクロンから15ミクロン）と遠赤外線（波長90ミクロンから200ミクロン）でのディープサーベイ（深宇宙探査）がいくつも行われました。

　文部省（現在は文部科学省）宇宙科学研究所の努力で、私たち日本のチームも独自のディープサーベイを行うことができました。特に波長7ミクロン、95ミクロン、175ミクロン帯でのサーベイは大成功を収め、若い銀河の候補をたくさん発見することができました（図3.16）。

　これらの天体の素性をあきらかにするための観測が、現在ケック望遠鏡などを使って精力的に行われています。そして2000年3月29日。ついにケック望遠鏡は赤方偏移1.6の赤外線銀河を1個発見しました。アメリカ合衆国ハワイ島、ワイメアにあるケック天文台の観測室では歓声があがりました。名前は私たちが独自に付けたもので、IPF J10534+5717です（図3.17）。この銀河は、見かけがとても暗い銀河なのでスペクトル観測を行うにはケック望遠鏡の能力がどうしても必要でした。

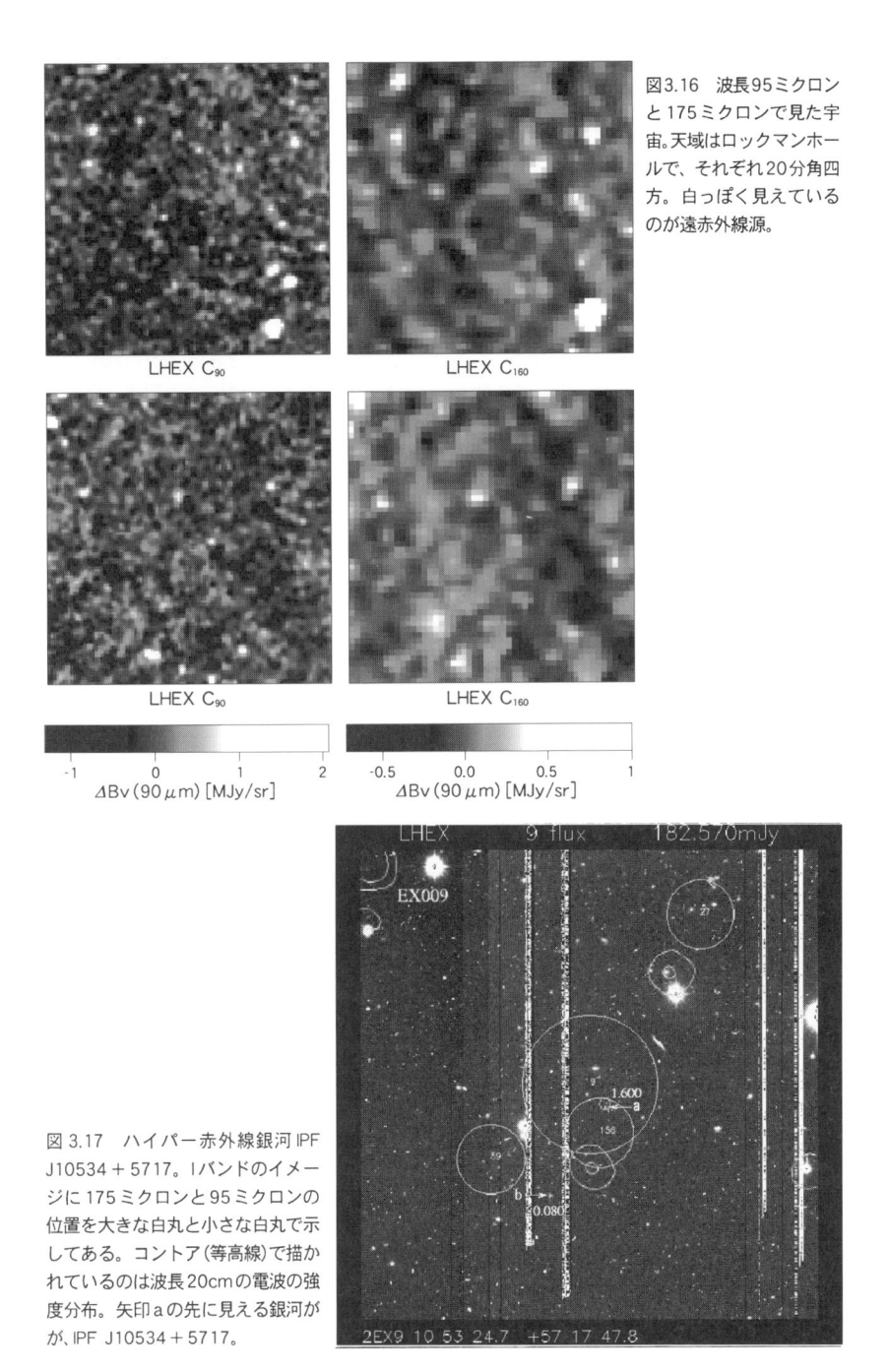

図3.16 波長95ミクロンと175ミクロンで見た宇宙。天域はロックマンホールで、それぞれ20分角四方。白っぽく見えているのが遠赤外線源。

LHEX C_{90}

LHEX C_{160}

LHEX C_{90}

LHEX C_{160}

$\Delta Bv(90\mu m)$ [MJy/sr]

$\Delta Bv(90\mu m)$ [MJy/sr]

図3.17 ハイパー赤外線銀河 IPF J10534+5717。Iバンドのイメージに175ミクロンと95ミクロンの位置を大きな白丸と小さな白丸で示してある。コントア(等高線)で描かれているのは波長20cmの電波の強度分布。矢印aの先に見える銀河が、IPF J10534+5717。

第3章 銀河の育ち方——赤い繭の伝説

図3.18 (左)アメリカ合衆国ハワイ島のマウナケア天文台にある口径15mのJCMT (James Clerk Maxwell Telescope)電波望遠鏡。イギリス、カナダ、そしてハワイ大学が協力して運用している。望遠鏡の名前は、電磁気学で有名なマックスウェル博士(James Clerk Maxwell、1831-1879)に由来している。
図3.19 (右)JCMTに搭載されているSCUBA(スクーバ サブミリ波2次元アレイ検出器)と呼ばれる高性能サブミリ波検出器。

　その銀河の赤外線光度を計算してみると、なんと太陽光度の10兆倍であることがわかりました。ウルトラ赤外線銀河の10倍はあります。このような銀河はウルトラの上をいくので「ハイパー赤外線銀河」と特別に呼ばれています(表3.3)。すばる望遠鏡も稼動し始めたので、ここ2、3年のうちにこのような興味深い銀河がどんどん発見されると思います。とても楽しみです。

　最後にサブミリ波におけるディープサーベイの現状を紹介することにしましょう。アメリカ合衆国ハワイ島のマウナケア天文台には口径15mのJCMT (James Clerk Maxwell Telescope)と呼ばれる電波望遠鏡があります(図3.18)。このJCMTにSCUBA(スクーバ、サブミリ波2次元アレイ検出器)と呼ばれる高性能サブミリ波検出器が搭載されました(図3.19)。このSCUBAの登場で、人類は一気に波長850ミクロン帯でもディープサーベイができるようになりました。サブミリ波帯での探査は赤方偏移の大きな赤外線銀河の検出に威力を発揮します。なぜなら、生まれたての銀河の中に遠赤外線で明るい銀河があれば、それらは赤方偏移のためにサブミリ波帯で明るく見えるからです。

　ダストに包まれた生まれたての銀河がどのくらい潜んでいるのかを調べるため、私たちはハワイ大学天文学研究所のカウイ(L. L. Cowie)博士らと協力して850ミクロン帯でディープサーベイを行い、850ミクロンで明るく輝いている銀河を2個発見しました(図3.20)。早速、ケック望遠鏡などを使って、こ

図 3.20 私たちが発見したダストに隠された若い銀河の例。大熊座の方向にあるロックマンホールと呼ばれる天域にある。中央左に見える白い部分が銀河。この図の視直径はわずか 2.7 分角。

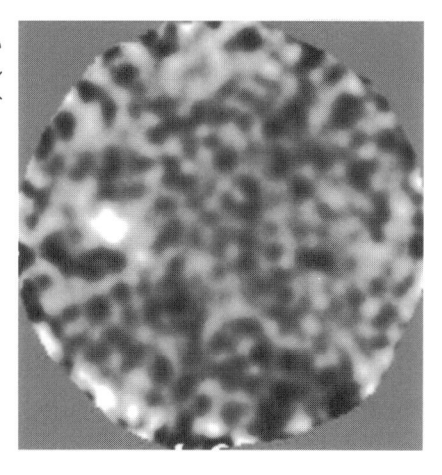

れらの銀河の観測を行い「赤方偏移が $1.5 < z < 3.5$ にあるダストに囲まれた星生成銀河である可能性が最も高い」という結論を得ました。この場合、これらの銀河の遠赤外線光度は太陽光度の約1兆倍の光度に匹敵し、星の生成率は1年間当たり太陽質量の100倍のガスが大質量星になっていることになります。このような高い星生成率はまさに生まれたての銀河であることを示しています。

私たちのサーベイとは独立に、イギリスの研究者らが中心になってもう一つのサブミリ波ディープサーベイが行われました。天域はあのHDFです。彼らはこの天域の中で、5個のサブミリ波源を発見しました。1個は赤方偏移が

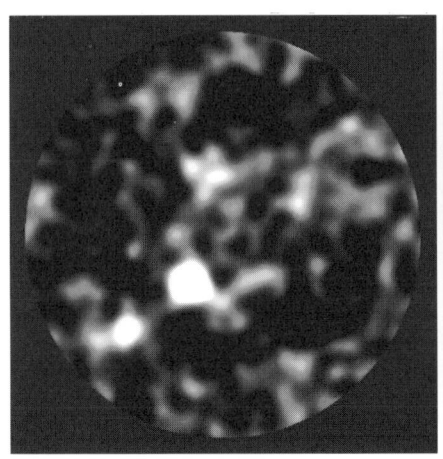

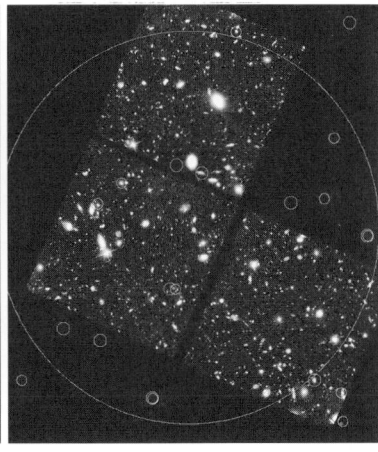

図 3.21 ハッブル・ディープ・フィールド (HDF) に潜むダストに隠された若い銀河の例 (D. Hughes博士提供)。左側が850ミクロンで見たHDFで、白い部分が銀河に相当する。右側に可視光と近赤外線で見たHDFを示してある。白丸で囲ってある銀河が850ミクロンで明るく見えている銀河だと考えられている。小さな白丸は電波源の位置。

第 3 章 銀河の育ち方——赤い繭の伝説

1程度の星生成銀河であり、残り4個はおそらく赤方偏移 $2<z<4$ にある星生成銀河であろうと推察しました(図3.21)。まさかこんなにたくさんのサブミリ波源が宇宙の奥深くに潜んでいるとは予想もしなかったことです。私たちは多くの星生成銀河を見逃していたことになります。

　いままでの可視光のディープサーベイの観測からは、銀河における星の生成率は宇宙全体で平均してみると赤方偏移が1くらいのときに最も盛んであったことが示されていました。しかし、サブミリ波帯のディープサーベイの結果は「銀河における星生成率のピークは赤方偏移が3ぐらいにあるのかもしれない」ということを示唆しています。これらの隠された生まれたての銀河が存在することは銀河の進化を理解する上ではきわめて重要な意義を持ちます。可視光の観測からは想像もしなかったことがわかりつつあるといえます(図3.22)。

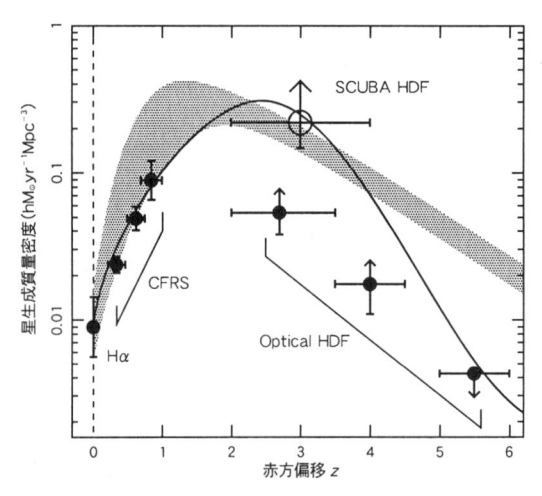

図3.22　宇宙における星生成の歴史。単位体積当たり(ここでは1立方Mpc 当たり 1Mpc＝3×10^{24}cm)の星生成率(単位は1年間当たり太陽何個分の質量のガスが星になるかで表されている)が、赤方偏移 z の関数として表されている。$z=0$ が現在で、$z=5$ で宇宙誕生後10億年くらいに相当する。エラーバーつきの黒丸は、可視光のHDFの観測で得られた値。Hα は近傍の銀河のHα輝線強度の密度から得られた値、CFRSはカナダ・フランス赤方偏移サーベイから得られた値。実線は、電波の強い活動銀河核のトータルパワーを星生成率に換算したもので、灰色の部分はクェーサーの吸収線系のデータから評価された星生成率。大きな白丸は、今回のハッブル・ディープ・フィールドのサブミリ波観測から得られた値で、従来の可視光の観測から得られていた値より非常に高いことがわかる。また、大切な点は星生成率のピークが赤方偏移 $z=3$ にくることである。これは、従来のデータが示唆していたピーク $z=1$ に比べて有意に大きくなっている。

3.4 はじけるウルトラ

明るい赤外線銀河が宇宙の中でどのように誕生したかを考えることは、すなわち、銀河や銀河団がどのようにしてできたかを考えることになる。現在では、小さな密度揺らぎによるガスのかたまりが成長し、しだいに合体して銀河になると考えられている。

さてここでは"赤い繭"のような銀河がどうやってでき、またどのように進化していくのかをもう少し詳しく考えてみることにしましょう。

まず銀河の誕生です。基本的には二つの考え方があります。「トップ・ダウン」シナリオと「ボトム・アップ」シナリオです（図3.23）。「トップ・ダウン」シナリオは、まず銀河団規模の非常に巨大なガス雲ができ、それらが重力的な不安定性で銀河スケールのガス雲に分裂し、銀河ができてくるというアイデアです。一方、「ボトム・アップ」シナリオはまったく逆で、まず銀河より小さなガス雲（たとえば、球状星団程度の質量のガス雲）ができ、それらが重力的に寄り集まってきて、やがて1個の銀河に育っていくというアイデアです。

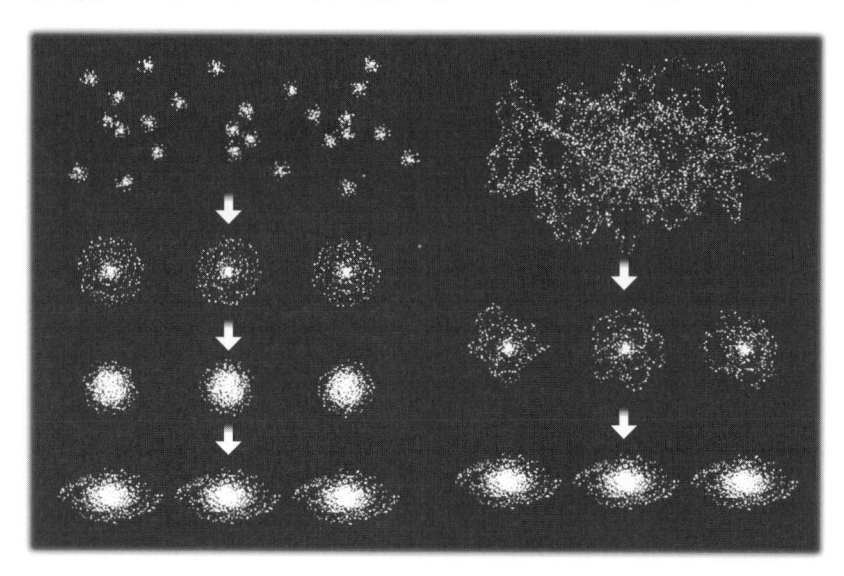

図3.23 「ボトム・アップシナリオ」（左）と「トップ・ダウンシナリオ」（右）。

現在、もっともらしいと考えられているのは「ボトム・アップ」シナリオの方です。宇宙はビッグバンで始まり、膨張して現在のようになってきたと考えられています。宇宙誕生後、30万年くらい経過して、宇宙が3000K程度に冷えてくると、それまでプラズマ(電離したガス)だったガスは再結合します。つまり、陽子と電子が再結合して、水素原子になるということです。こうなると放射はプラズマと相互作用しなくなるので空間を自由に伝播できるようになります(電子によって散乱されなくなるという意味です)。

これは、宇宙の"晴れ上がり"と呼ばれています。赤方偏移でいうとまだ$z=1000$の頃です。この3000Kの宇宙からの放射が観測されています。それが「宇宙マイクロ波背景放射」と呼ばれているものです。ただし、**観測される温度は3000Kではなく、赤方偏移の分だけ温度が下がり約3K(より精確には2.726K)になってしまいます**。この宇宙背景放射の発見はビッグバン宇宙論の強い証拠だと考えられています。

宇宙開闢後、約30万年の頃。その頃、宇宙の物質にはどの程度の密度の"揺らぎ"があったのでしょうか？ これは、銀河の形成論に決定的に重要な物理量になります。なぜならば、その密度の揺らぎが銀河の種になるからです。つまり、このときにあった密度の揺らぎから出発して、10億年後には銀河という重力的に束縛された巨大なシステムを作ることが要求されるからです。

この密度の揺らぎを測るために、NASAはCOBE(コービー)と呼ばれる宇宙背景放射探査衛星(COsmic Background Explorer)を打ち上げ、1989年から4年の歳月をかけて宇宙を丹念にマイクロ波で調べました。その結果得られた結果は「密度揺らぎの大きさは平均値に対して、たったの10万分の1程度しかない！」でした (正確には約10度の角度スケールで宇宙を見たときの揺らぎの値です)。こんなわずかな密度の揺らぎ(図3.24)から宇宙の大規模な構造を作り出していく必要があるのです。銀河が生まれる前に、銀河以上の大きな構造を作ることははっきりいって不可能です。こうして「トップ・ダウン」シナリオは完全に敗れ去りました。

では「ボトム・アップ」シナリオでは、どのようなイメージで銀河ができるのかもう少し詳しく考えて見ましょう。「宇宙の晴れ上がり」の後では、宇宙

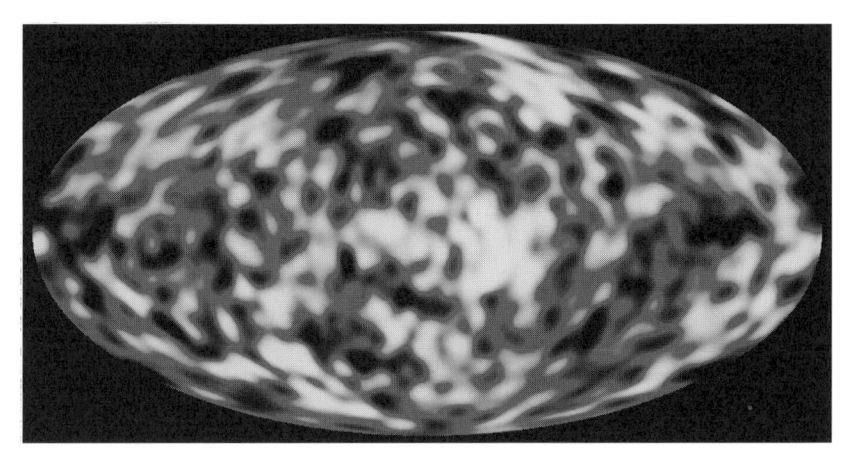

図3.24 COBEが見つけたマイクロ波宇宙背景放射の揺らぎ。この図では、密度ではなく温度の揺らぎを表している。

の温度がまだ3000K程度あります。この頃に重力的な不安定性でできるガス雲の質量は、太陽質量の100万倍程度です。だいたい球状星団の質量に相当します。実際観測されている最も遠方の銀河の赤方偏移は $z \approx 5$ です。したがって「宇宙の晴れ上がり」から約10億年経過しています。この間に少しずつガス雲を集めてくればよいわけです。

「宇宙の晴れ上がり」から数億年経過した頃（赤方偏移でいうと $z \approx 15$）には銀河の100分の1程度の質量を持つガス雲ができる可能性があります。これらがさらに数億年の歳月をかけて、銀河程度の質量のガス雲に合体していくと考えればよいことになります。

そのようなガス雲では、当然、中心部の方でガス密度が高くなっています。ですから、星が生まれるとすれば、やはり銀河の中心部だということになります。そこで大質量星ができ始めると、約100万年後には超新星爆発が起こり始めます。この超新星爆発は銀河の中のガスに重要な影響を与えます。それは重元素（炭素より大きな原子番号の元素）汚染です。

ビッグバン宇宙論では、宇宙初期にこれらの重元素を作ることはできません。つまり、これらの重元素は星の中で起こる核融合反応で合成され、超新星爆発などの星からの質量放出過程を経て星間ガスに混じっていくと考えられ

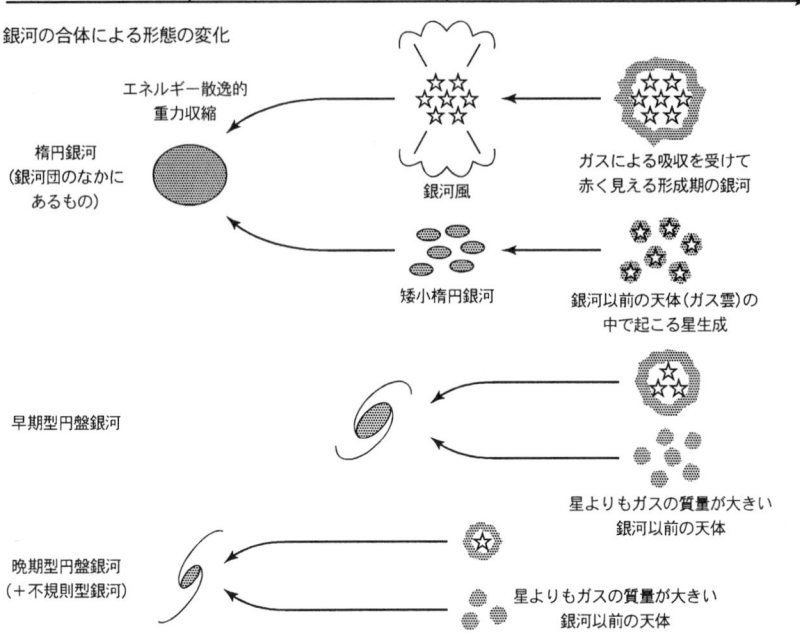

図3.25　楕円銀河の銀河風モデルの概念図。この図全体は銀河の形成と進化の可能なモデルをまとめてある。赤方偏移5以上は、私たちがまだ調べていない（あるいは見えていない）時期である。図の一番上に示したのが、楕円銀河の銀河風モデルの概念である。しかし、この他にも、より小さな銀河の合体で楕円銀河になるシナリオもあり、それがそのすぐ下に描いてある。楕円銀河のみならず、円盤銀河にもいろいろなシナリオが同様に考えられる。

ています。これらの重元素は、ダストを作る元になります。つまり、最初の星生成からわずか100万年後にはダストの形成も始まると思ってよいのです。超新星爆発の影響で銀河内のガスが吹き飛ばされない限りは、星間ガスにダストがどんどんたまっていきます。そして「赤い繭」を作るのです。これがダストに覆われた生まれたての銀河のシナリオです。

　では、その後はどうなるのでしょうか？　銀河の中心部ではまだ星の生成が続きます。それは超新星爆発も続いて起こっていることを意味します。多数の超新星爆発で引き起こされる爆風波の影響は無視できません。いつしか爆風波のエネルギーは銀河の重力エネルギーを超えてしまいます。そのとき、銀河の中にあったガスは銀河の外へと吹き飛ばされてしまいます。ふたたび、

スーパーウインド(銀河風)です。当然、ダストも一緒に吹き飛ばされます。こうなると銀河の中でできてきた星々を隠すことはできません。この段階でようやく可視光で明るい銀河が見えてくることになります。

また、ガスは吹き飛ばされてしまったので、もう新たに激しく星を作ることもありません。銀河の中でできた星々の進化にまかせた、銀河の生活が始まります。重たい星からどんどん死んでいき、だんだん温度の低い質量の軽い星々で占められていくことになります。そして100億年以上の歳月を経て生きていきます。その行きつく先が楕円銀河です。

このモデルはアメリカのラーソン(R.B.Larson)博士や東京大学の吉井讓博士と有本信雄博士によって1980年代に提案されました。「楕円銀河の銀河風モデル」と呼ばれています。このシナリオをイラスト風に示したものを図3.25に示しておきます。

前節で示したように、「赤い繭」のようなダストに隠された銀河はたくさん見つかり始めています。だとすれば、これらはいずれ銀河風を経験するはずです。そして宇宙を丹念に探せばそのような銀河が見つかるはずです。もし見つからなければ、銀河風モデルは正しくないことになります。

そして、ようやくそれらしい候補が見つかりました。2000年のことです。ライマン・ブレーク銀河(LBG)の発見(第2.4節)でも活躍したシュタイデル博士がふたたび登場します。彼らは、LBGがたくさん集まっている領域が、赤方偏移3.1のあたりにあることを突き止めていました。この領域での銀河の個数密度はLBGが見つかっている他の場所に比べて、約6倍も高くなっています。おそらく銀河団に成長していくような領域なのでしょう。

彼らは、この領域にある銀河の星生成の様子を詳しく調べるために特殊な観測をしました。それは、狭帯域フィルターを通してイメージを撮ることで、ライマンα輝線で光っている銀河を捜したのです。ライマンα輝線の静止波長は121.6nmです。赤方偏移が3.1ですから、ライマンα輝線は121.6×(1+3.1)=499 nmにシフトしています。ちょうどこの波長帯を通すような狭帯域フィルターをつけてイメージを撮り、少し離れた波長でもう1枚イメージを撮ります。これらのイメージの引き算をすると、ライマンα輝線で明るく輝いている

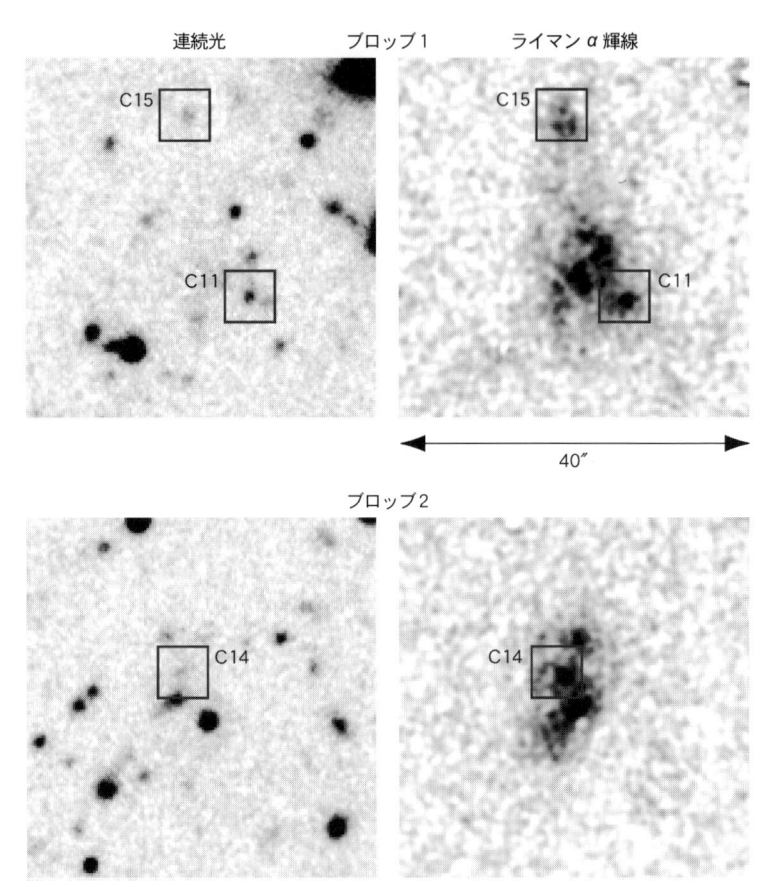

図3.26 シュタイデル博士らが見つけた2個のライマンαブロップ。ブロップ1（上）とブロップ2（下）。左のパネルには連続光で見たイメージ、右のパネルにはライマンα輝線で見たイメージが示されています。記号で示されている天体はライマンαブロップと関連があると思われる銀河。

銀河が簡単に見つかります。彼らはこのような観測をやってみたのです。
　すると、不思議な天体が見つかりました。100kpc以上に広がってライマンα輝線で輝く領域が2個見つかったのです（図3.26）。典型的な銀河のサイズの10倍以上に広がっています。彼らは、口径10mのケック望遠鏡でスペクトルをとってみました。するとライマンα輝線の速度幅は約1000km/sにも及んでいることがわかったのです。AGNの影響で吹き飛ばされたガスであると解釈することも可能です。しかし、これらの天体の中心には非常に暗い銀河が

あるだけで、AGNの証拠を示すような銀河はひとつもありません。彼らはこれらの天体を「ライマンα・ブロッブ(塊)」と名づけました。しかし、「正体不明の天体」と結論して、論文を仕上げました。

その論文を読んだ私は、すぐにピンときました。「銀河風だ!」私はすぐに銀河風モデルを適用して、ライマンα輝線で輝いている領域のサイズと速度幅を見積もってみました。するとピッタリです。約100kpcと約1000km/sという数字がでてきました。銀河風で"はじけるウルトラ"だと思いました。

私は共同研究者の塩谷泰広博士と急いで論文に仕上げ、『アメリカ天文学会誌』に投稿しました。論文の審査員は私たちの論文は非常に優れていると評価してくれ、論文は無事受理されました。そしてシュタイデル博士らの論文と同じ号の「レター部門」(緊急性のある論文のために、通常より早く掲載される「レター部門」が用意されている)に掲載されました。

この解釈が正しければ、楕円銀河形成の銀河風モデルは、一つのシナリオとして完結します。その意味で今後のさらなる研究が期待されます。なにしろ、ライマンα・ブロッブはまだたった2個しか発見されていないのです。本格的な研究はこれからです。すばる望遠鏡などを使ってライマンα・ブロッブがどんどん見つかれば、少しずつ性質が見極められていくと思います。

第4章 銀河 ── 美しき誤解、ふたたび

Keywords

表面輝度　surface brightness
矮小銀河　dwarf galaxy
衛星銀河　satellite galaxy
合体銀河　merger
銀河群　group of galaxies
銀河団　cluster of galaxies
ダークマター　dark matter

4.1 美しき銀河の意味

> 渦巻銀河は美しいが、渦巻そのものは銀河の物理的本質を考える上では二次的な意味合いしかない。最も重要なファクターは、意外なことに、ほとんど目立たない銀河周辺の「ハロー」の部分である。

　第1章で私たちは、美しい銀河の姿を堪能しました。時には、長く伸びる腕。きれいな棒状構造。あるいはリング構造。一つとして同じ形をしている銀河はありません。このように、私たちは飽きることなく銀河の世界を楽しむことができます。しかし、そのバラエティにのみ目を奪われてはいけません。やはり、銀河の形がいったい何を意味するのかを冷静に考えることが大切です。

　そこでいったん、逆転の発想で、銀河の形のバラエティを無視することにします。バラエティをならして、その背後にある平均化した構造を見てみることにしましょう。そのために、銀河の輝度分布を調べる方法があります。

　銀河の写真を撮ったとします。もちろんCCDカメラにその姿をおさめても構いません。銀河の中心部は明るく、外側にいくにつれて暗くなっていきます。このとき、私たちは銀河の「表面輝度」の空間的な変化を見ていることになります。ここで、表面輝度とは単位面積あたりの明るさで、単位面積としては1平方秒角をとるのが慣例です。1平方秒角は縦横共に1秒角の正方形の面積です。

　まず、楕円銀河を調べてみましょう。図4.1に典型的な楕円銀河であるNGC 3379の写真と表面輝度分布を示します。表面輝度は半径rと共に暗くなっていく様子が良くわかります。この分布をrの関数として表すと

$$\log I(r)/I_e = -3.33[(r/r_e)^{1/4}-1]$$

のようになります。ここでr_eは全光度の1/2が含まれる半径で、I_eはそこでの表面輝度です。あまり見慣れない表現だと思いますが、楕円銀河の表面輝度分布を経験的に良く表すことができます。第1章の銀河の分類でも活躍したド・ボークルール博士が見つけた関係式です。「ド・ボークルールの$r^{1/4}$則」と呼ばれます。

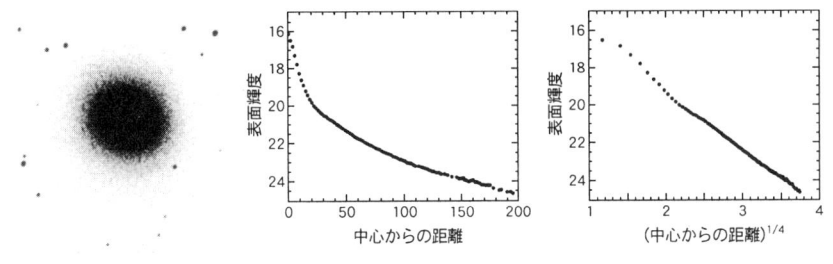

図4.1 楕円銀河NGC 3379 の写真(左)と表面輝度分布。中央の図は横軸を中心からの距離をそのまま採用し、右の図では中心からの距離の1/4乗を採用している。

図4.1の右側には、横軸にrの代わりに$r^{1/4}$をとって表面輝度分布を示しました。こうすると表面輝度は綺麗に$r^{1/4}$の法則にしたがって、暗くなっていくのがわかります(図4.2にいろいろな楕円銀河のデータを示しました)。

円盤銀河の円盤にある星々は、円盤の中で銀河中心のまわりを回転運動しています。では、楕円銀河の中にある星たちの運動はどうなっているのでしょうか? やはり、少しは回転運動をしています。しかし、一般にはランダムな運動のほうが回転に比べて勝っています。このように、ランダムな運動が支配的な場合、力学的に落ち着いた星

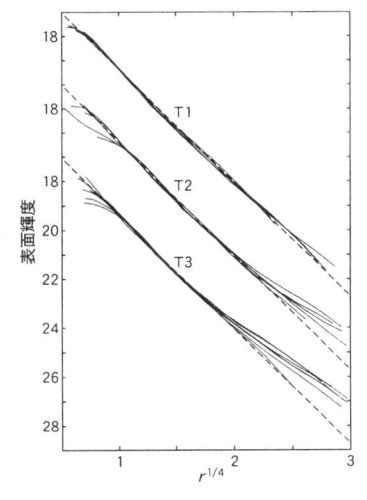

図4.2 いろいろな楕円銀河の表面輝度分布を$r^{1/4}$(右)を横軸にとって表した図。T1、T2、T3は表面輝度分布のタイプの名称。

の集団の表面輝度分布は上の関係式で近似できることが知られています。

次に、円盤銀河を調べてみましょう。図4.3に、円盤銀河NGC 4594(M104)の写真と表面輝度分布を示します。円盤銀河は中央部にあるバルジ成分とそのまわりを取り囲むように円盤部があります。つまり、バルジと円盤の二つの成分からなっています。図4.3にも、それが如実に表れています。バルジの表面輝度分布は、基本的には楕円銀河と同じように、ド・ボークルールの$r^{1/4}$則で表すことができます。一方、円盤のほうは指数関数的に表面輝度が暗くなっていきます。式で表すと

第4章 銀河——美しき誤解、ふたたび

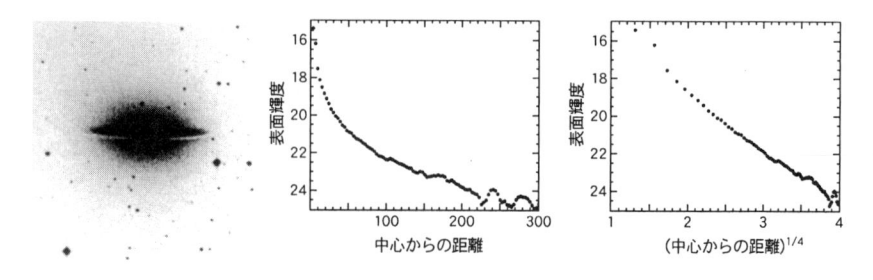

図4.3　円盤銀河NGC 4594の写真（左）と表面輝度分布。中央の図は、横軸を中心からの距離をそのまま採用し、右の図では中心からの距離の1/4乗を採用している。この銀河は、バルジが大きいので、1/4乗則にもよく合うように見える。

$$\log I(r)/I_0 = -0.73[(r/r_e)-1]$$

となります。ここで、r_eは円盤のスケールを決める半径です。円盤の表面輝度分布は、円盤ができるときにどのように円盤で星を作ったかで決まります。

バルジと円盤の二つの成分が銀河の表面輝度分布を決めている様子を、図4.4に示しました。

銀河の形態は、確かにバラエティに富むものでした。しかし、あえてスムースな構造だけ抽出してみると、たった2種類の成分しかないことがわかりました。円盤とスフェロイド成分です。ここで「スフェロイド」(spheroid)成分は楕円銀河と円盤銀河のバルジの両方を指しています。いずれも回転楕円体(spheroid)のような構造なのでこう呼びます。

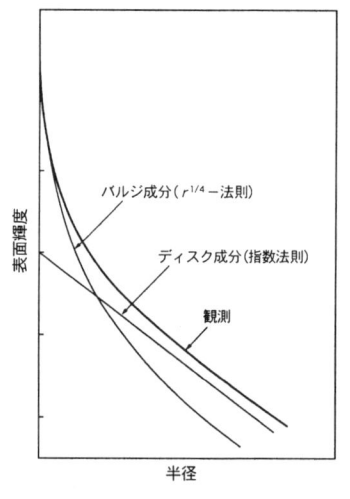

図4.4　円盤銀河の表面輝度分布をバルジと円盤（ディスク）の2成分の足し合わせになっている様子。

銀河のバラエティは、多くの場合、銀河円盤の構造に由来していました。つまり、渦巻き腕、棒状構造、そしてリング構造は円盤の中にある微細構造ということもできます。"微細"というには、巨大な構造です。しかし「円盤を1次的に重要な構造」だとすれば、「渦巻きなどは2次的な構造」とみなすことができる、という意味です。

Column 円盤銀河の構造

円盤銀河の構造を右図に示します。典型的な円盤銀河は直径10kpc程度の「円盤」を持っています。質量の9割が星で、残りの1割がガスになっています。円盤の中央には「バルジ」と呼ばれる回転楕円体のような膨らんだ構造が見えます。円盤にある星に比べると年老いた軽い星が多く存在しています。

これらの円盤とバルジを取り囲むように「ハロー」と呼ばれる領域が広がっています。ここには球状星団や銀河の重力場に捉えられた高温のガス（X線を放射する）などがあります。

コラム2でお話したように、驚くことに銀河の質量の大半は「見えない物質（ダークマター）」で、このハロー領域にも拡がっています。

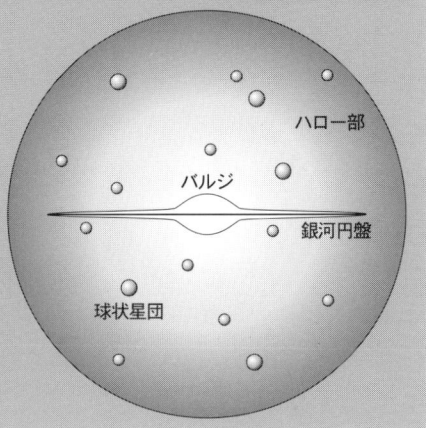

表4.1に銀河の構成要素のランキングをまとめてみました。銀河を取り巻くハロー成分は質量の大部分が星ではなくダークマターで占められているのでトップのランクにしておきました。実際、銀河の形成もダークマターの重力ポテンシャルの中で起こる出来事だと考えられています。しかし、ダークマターについては不明な点がいまだに多いので、これ以上説明することはできません。

その次に大切なのはスフェロイドと円盤で、これらが星々の主たる棲み家になっています。そして、円盤の中の微細構造はすべて2次的なものとしてランキングしてあります。美しい渦巻を2次的な構造にランクするのは許せないかもしれませんが、力学的な観点からはやむをえない判断です。たとえば、現在きれいな渦巻を見せている銀河も、時と共にその渦巻は変形していき、ガスの枯渇（だんだん星になっていく）で、やがては消えていくでしょう。もちろん数十億年以上の長い歳月がかかります。つまり、2次的な構

表4.1 銀河の構成要素ランキング

重要度	構造	主な構成要素
0次的	ハロー	ダークマター
1次的	スフェロイド 円盤	星 星とガス
2次的	渦巻構造 棒状構造 リング構造	星とガス 星とガス 星とガス

第4章 銀河——美しき誤解、ふたたび

造は時間と共に消滅していく構造です。しかし、円盤は残ります。ですから、円盤は1次的な構造として位置付けられることになります。

　結局、銀河はなるべく「なめらかな」構造を作るように力学的に(つまり形態的に)進化してきていると考えることができます。人間も大人になるにつれ、だんだん角がとれて丸くなるようなものでしょうか？　もし、いまから100億年後にこの宇宙を見たら、楕円銀河やあまり構造を持たない円盤銀河だらけになっていて、面白くない銀河の世界になっているでしょう。

　それを示唆する出来事が、銀河の合体です。第3.2節で紹介したウルトラ赤外線銀河は二つあるいはそれ以上の銀河の合体でできます。銀河の合体過程は、合体する前の銀河にあった星々の運動状態を大きく変えてしまいます。仮に、2つの円盤銀河が合体すると、最終的には一つの楕円銀河のような構造に変わっていきます。

　図4.5にウルトラ赤外線銀河の代表例であるアープ220(図4.9 gを参照)の表面輝度分布を示します。横軸は $r^{1/4}$ にとっています。ご覧になってわかるように、アープ220の表面輝度分布はまさに楕円銀河の $r^{1/4}$ 則で表されるのです。この銀河には非常にたくさんの分子ガスがあるので、もともとは複数の円盤銀河だったと考えられています。まさに円盤銀河から楕円銀河を作る芸当をやってのけているのです。「銀河の合体、恐るべし」というところでしょうか。

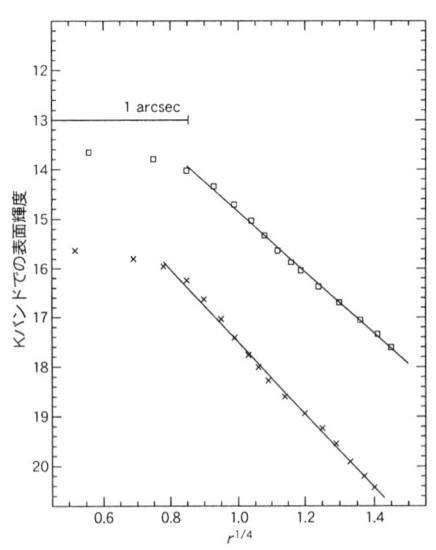

　二つの円盤銀河の合体をコンピュータ・シミュレーションで調べた例を図4.6に示します。きれいな円盤銀河が合体して、楕円銀河のように進化していく様子がわかります。そして、シミュレーショ

図4.5　ウルトラ赤外線銀河であるアープ220の表面輝度分布。縦軸は近赤外線のKバンド(波長2.2ミクロン)での表面輝度になっている。

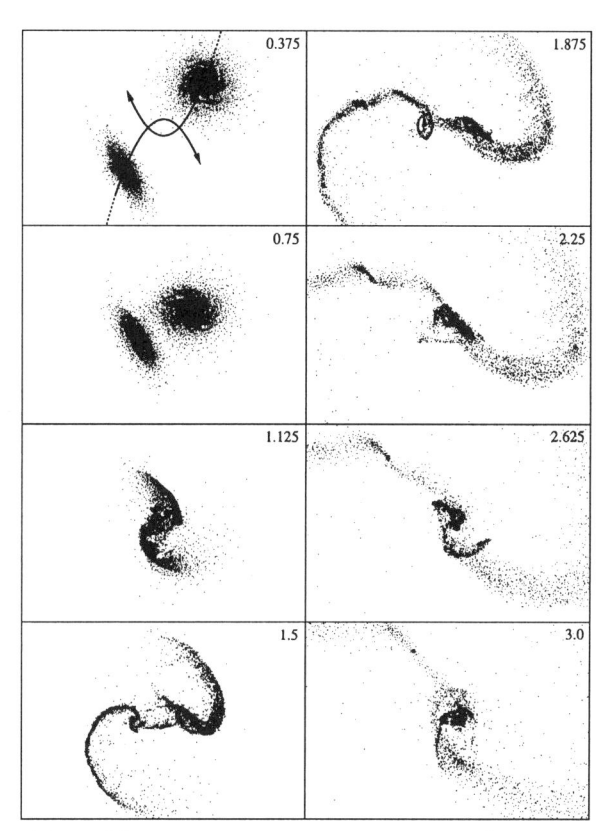

図4.6　2個の円盤銀河の合体を調べたコンピュータ・シミュレーション。各パネル右上の数字は時間の目安。だいたい数億年の時間が経過している。

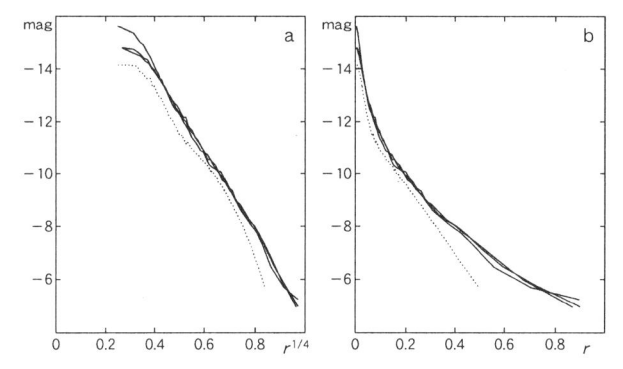

図4.7　コンピュータ・シミュレーションの結果、最終的にできた銀河の表面輝度分布（3つの慣性主軸に沿う方向に対して実線で示されている）。初期の円盤銀河の表面輝度分布は点線で示されており、横軸は左が$r^{1/4}$で、右がr。

第4章　銀河——美しき誤解、ふたたび

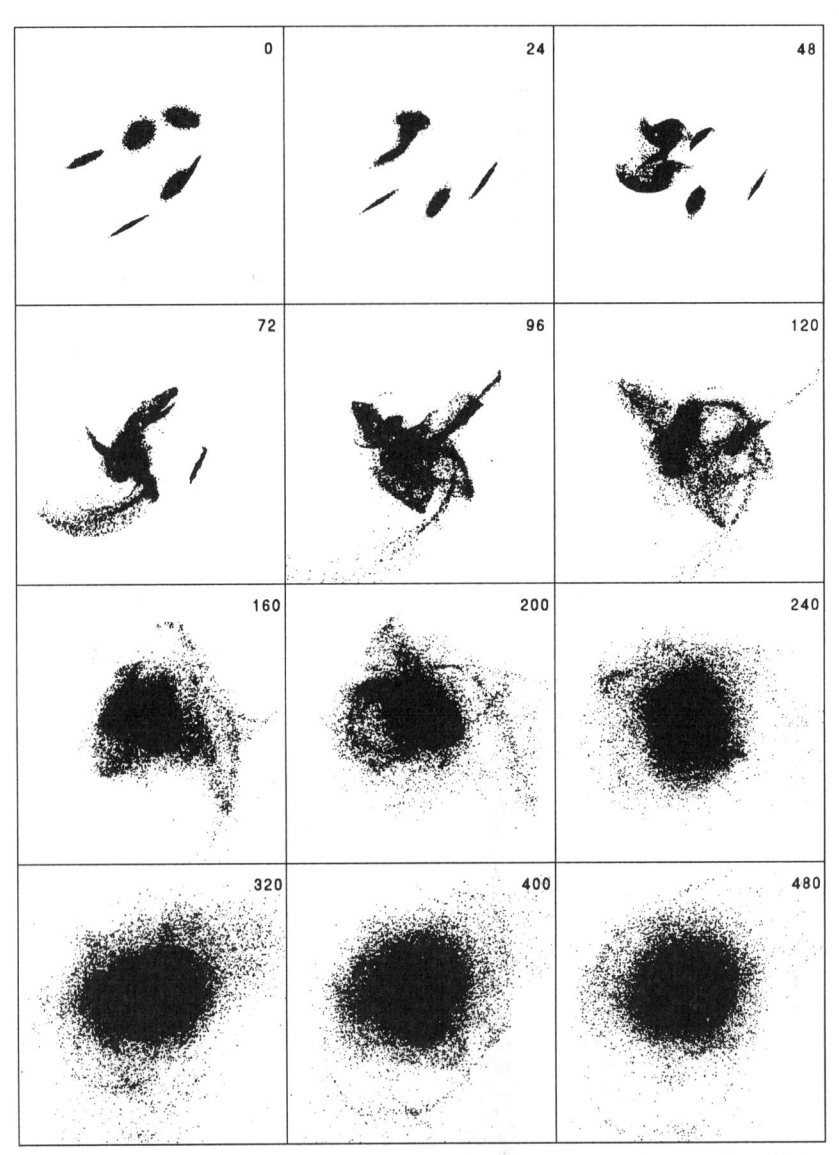

図4.8　6個の円盤銀河の合体(多重合体)のコンピュータ・シミュレーション。各パネルの右上の数字は時間の目安。多重合体の完了までに約10億年かかる。

ンの最後にできた銀河の表面輝度分布を調べてみると、やはり $r^{1/4}$ 則で表されることがわかります（図4.7）。

次に、6個の銀河の合体（多重合体）のコンピュータ・シミュレーションを示します（図4.8）。この場合も、巨大な1個の楕円銀河に進化していくのがわかります。私たちの住む天の川銀河も、あと数十億年するとお隣のアンドロメダ銀河と合体して一つの楕円銀河になっていくだろうと予想されています。私たちの未来予想図は、残念ながら退屈な銀河の世界なのです。しかし、それは銀河の選んだ道です。私たちにそれを止めることはできません。

4.2　銀河は分類できるのか

> 渦巻の形によって銀河を分類してしまうと、銀河自体の性質とは別な要素で分類されてしまう可能性がある。たとえば、銀河同士が衝突すると、本来持っていなかった渦巻の腕ができることがわかっている。

なめらかな構造を作るように進化してきた銀河のスナップ・ショットを見て、人類は銀河の形態分類を行ってきました。そして、その結果を銀河のカタログに載せてきました。ここで、人間が陥りやすい問題点を二つ上げることにします。

まず、とにかく分類してしまう弊害です。たとえば、ある研究者が銀河の形態分類に挑戦したとします。分類すべき銀河が1000個あったとします。これは結構大変です。しかし、人間は集中すると結構大きな仕事ができます。ですから皆さんも必死になって銀河の形態を1個ずつ決めていくと思います。

しかし、1000個もあれば、必ず変な形の銀河が何十個はあるはずです。そのとき皆さんはどうされますか？　「この銀河の形態は不明である」といって片付けてしまいますか？　「いいえ、それでは私のプライドが……」といって、何とか分類しようとするのではないでしょうか？　カタログに結果を載せるとなると、どうしても1000個全部の形態を決めたい。そう思うのが研究者の常なのではないでしょうか？

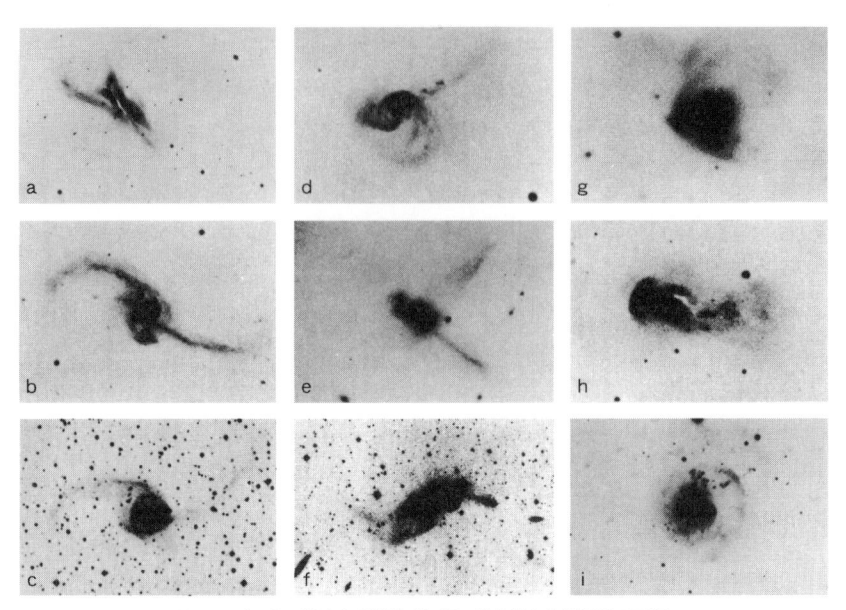

図4.9 ジョセフ博士らが選んだ9個の代表的な合体銀河の写真。

　銀河のカタログで最も有名で、権威のあるものはReference Catalog of Bright Galaxiesのシリーズで、すでにおなじみのド・ボークルール博士らが出版したものです。1991年に出版された「第3版」が、現在でも標準的な銀河のカタログとして利用されています(「RC3」の愛称で呼ばれています)。しかし、このカタログには比較的孤立した環境にある銀河はもちろん、銀河群や銀河団に属する銀河も含まれています。もっと厳密にいえば、相互作用銀河やさらには合体銀河も含まれています。これらの銀河の形態は相互作用で大きな変形を受けている最中であることは自明です。では、これらの銀河の形態を分類することにどのような意味があるのでしょうか? また、それらを孤立した銀河の形態と比較することに意味があるのでしょうか?

　ちなみに、ウルトラ赤外線銀河であるアープ220の形態は「S?」になっています。「?」は不明であることを意味しますが、「S」は"spiral"の意味です。ド・ボークルール博士らはアープ220はとりあえず円盤銀河であるが、その細かい分類については不明であるとしているのです。

　ここで少し、合体銀河の形態を調べてみましょう。図4.9にジョセフ博士(R.

第4章　銀河——美しき誤解、ふたたび

表4.2 RC3カタログにおけるジョセフ博士らが選んだ合体銀河の形態分類

記号[*1]	銀河の名前	RC3での形態[*2]
a	NGC 520	P
b	NGC 2623	P
c	NGC 3256	P
d	NGC 1614	SBc p
e	IC 883	Irr p
f	NGC 6240	Irr (IO) p
g	Arp 220	S?
h	NGC 4194	IB p
i	NGC 3310	SABbc p

[*1] 図4.9の銀河の記号
[*2] P＝peculiar(特異な形態)、p＝peculiar(特異性が見られる)、SB＝棒渦巻銀河、Irr＝不規則銀河、IO＝不規則銀河だが、表面輝度が高く「不定形(amorphous)」と呼ぶ方がふさわしい銀河、IB＝棒状構造のある不規則銀河、SAB＝棒状構造が弱いながらある渦巻銀河。

D. Joseph）らが選んだ合体銀河の写真を示します。いずれも不思議な形をしています。これらの銀河の形態をRC3で調べた結果を表4.2に示します。さすがのド・ボークルール博士らも困ったようです。最初の3個の銀河については"P"、すなわち「特異な形態」ということで、通常の枠組みでの形態分類を与えていません。しかし、残りの6個については特異性が見られるとしながらも渦巻銀河や不規則銀河の形態を与えています。つまり、これらが合体銀河であるという事実が無視されていることになります。

いま見たように、銀河のカタログにはとんでもない落とし穴があります。合体銀河を円盤銀河に分類してしまうこともあるからです。

しかし、これはある意味で仕方のないことなのです。それは2個の円盤銀河が合体している最中に、あたかもきれいな渦巻銀河に見える時期があるからです。

その様子を図4.10に示しました。潮汐力で引き伸ばされた"腕"がそれぞれの銀河から出るので、あたかも2本の渦巻を持つ円盤銀河に見えます。私も思わず「うん、Sb型だね」などといってしまいそうです。

近傍にある銀河ならば、中心部の様子などから合体銀河かどうか見極めることができるかもしれません。たとえば、二つの銀河中心核が見えれば、あきらかに合体銀河だとわかるからです。

しかし、もしこのような銀河が比較的遠方にあると、普通の渦巻銀河なのか、あるいは合体銀河なのかを判別することは非常にむずかしくなります。銀河の分類は、思った以上にむずかしい作業であることがおわかりいただけると思います。

話が長くなりましたが、ここでもう一つの弊害について考えてみましょう。

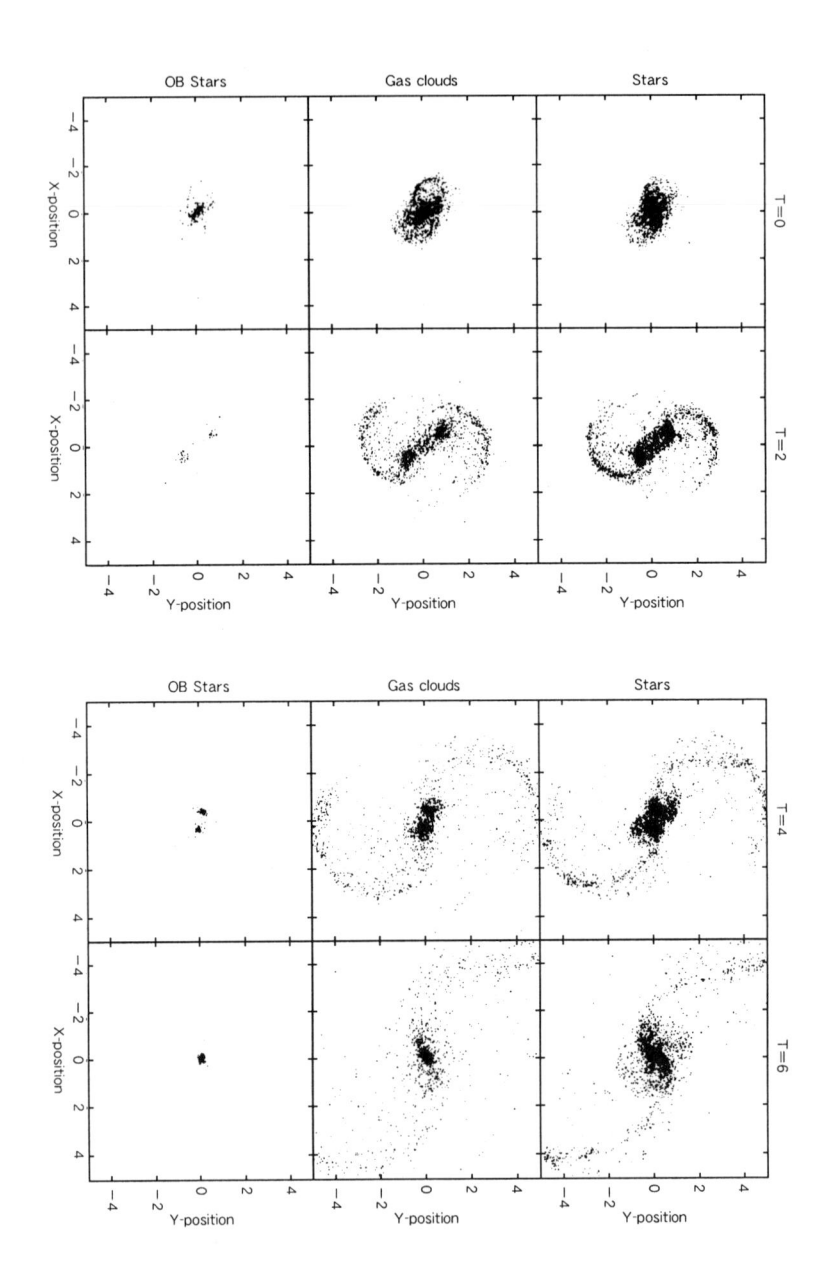

図4.10: 2個の円盤銀河が合体するコンピュータ・シミュレーション。右のコラムが星の様子、中央がガス、そして左にはガス雲の中で新たにできた星の様子を示してある。T＝2以降のパネルでは、きれいな2本の潮汐腕が見えている。この後、さらに合体が進むと、潮汐腕は淡くなって見えなくなる。そして、合体銀河の本体は図4.7で見たように、楕円銀河のような構造を持つ銀河になる。数億年の時間を要する。

第4章 銀河——美しき誤解、ふたたび

それは、権威のある銀河のカタログは"信用される"ということです。

銀河の研究する手段の一つとして、さまざまな観測値が整理されているカタログのデータを統計的に解析する方法があります。たとえば、RC3には銀河の形態のみならず、銀河の明るさ、色、銀河の軸比（長軸と短軸の長さの比）、中性水素ガスの質量、視線速度など、いろいろな観測量がリストアップされています。これらのデータを自分で集めようとすると、気の遠くなるような時間を費やす必要があります。ですから、RC3のようなカタログは、考えてみればとても便利なデータベースといえます。

しかも、今時のカタログはデジタルデータとしてコンピュータで簡単に処理できるようになっています。銀河の性質を調べる道具としてRC3のようなカタログを使うのはまさに頭のいい研究方法のひとつになるのです。

ここでの落とし穴は「データを頭から信じてしまう」ことです。人間、とかく権威には弱いものです。「RC3なら大丈夫!」と思う天文学者は当然たくさんいると思います。

誰か（Aさんとしましょう）が「銀河の形態はどのような観測量と相関しているのだろうか!」という疑問を持ったとします。そのとき、Aさんの本棚にRC3があったとします。「そうだ、これを使って調べてみよう!」そして喜んでコンピュータに向かい、せっせと相関を調べ始めることになるでしょう。

果たしてAさんは、意味のある結果を得ることができるのでしょうか！　答えは「ノー!」です。もちろん、何らかの結果は出ます。しかし、それは信用に足る結果とは言えません。なぜなら、合体銀河も何割かは円盤銀河に分類されているからです。

Aさんは論文を書いたかもしれません。「銀河の形態はXという観測量と弱い相関があるようである。しかし、その原因については不明である」と。このような論文が出ると、今度はBさんが何かを思いつき、別の銀河のカタログを使って同じようなことをするかもしれません。つまり、この種の研究手段では使われたカタログの質が研究結果を規定してしまい、必ずしも研究者の目的に適う成果が出ないおそれもあるのです。銀河の形態にあまり気を取られると、銀河の本質を見抜けなくなることもあるようです。自戒しなければい

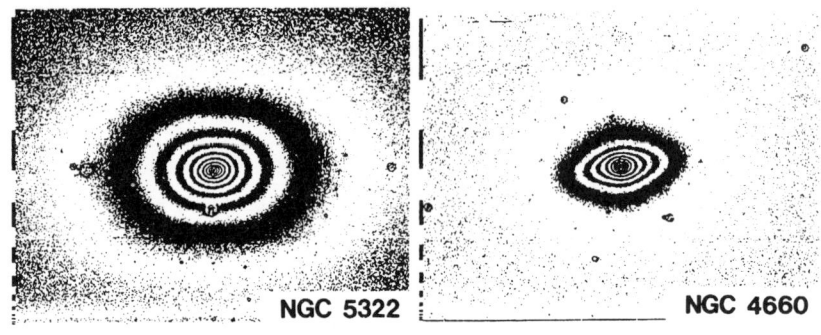

図4.11：箱型楕円銀河NGC 5322（左）と円盤型楕円銀河NGC 4660（右側）。

けません。

　さて、いままでのお話は「合体銀河の混入の問題」と「合体銀河と円盤銀河の判別のむずかしさ」にまつわるものでした。ここで新たな疑問が湧いてきます。「楕円銀河には問題はないのでしょうか?」

　もちろん「おおあり」です。すでに述べたように、円盤銀河の合体で楕円銀河ができます。一方、生まれたときから楕円銀河であり続けているものも当然存在すると考えられています。これらの起源の違いを判別するのは至難のわざです。何しろ、形態的にはまったく区別がつかないからです。

　この事情をさらに複雑にする問題があります。それは楕円銀河には「箱型」と「円盤型」があるというのです。「エエーッ! そんな馬鹿な話があるの?」といいたくなるお気持ちはわかります。確かに、楕円銀河は見かけの光度分布が"楕円"型に見えるから楕円銀河と呼ばれていたわけです。しかし、CCDカメラの登場で天体の観測技術が向上したおかげで事情が変わってしまったのです。

　図4.11をご覧下さい。2個の楕円銀河のイメージがあります。左はNGC 5322という楕円銀河で、よく見ると形が楕円ではなく、えらが張ったような箱型（boxy）に見えます。一方、右側のNGC 4660は太った円盤型（disky）のように見えます。

　ドイツのベンダー（R. Bender）博士らは、約100個の楕円銀河の性質を調べました。彼らはCCDカメラで得られた楕円銀河のイメージを等輝度線（表面輝

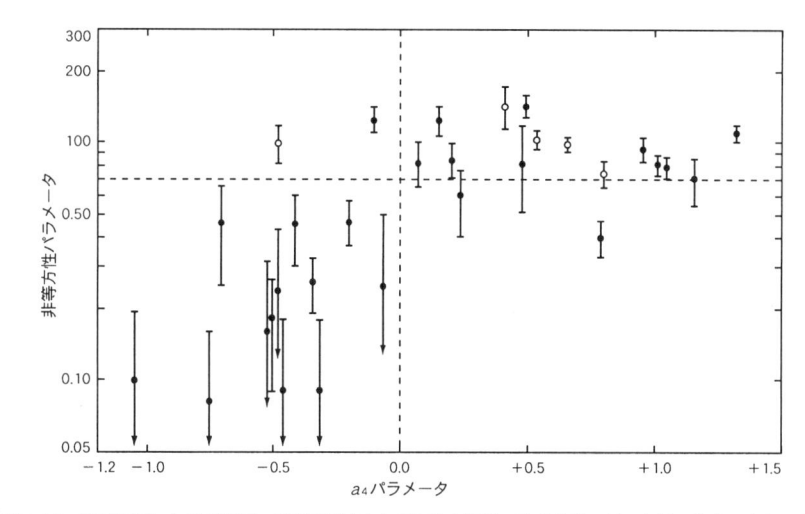

図4.12 楕円銀河における銀河の最高回転速度を銀河中心領域の速度分散で割った値から求められる非等方性パラメータ（縦軸）とa_4パラメータ（横軸）との関係。

度が同じ値の部分を結んで作る「コントア」、「アイソフォト」と呼ばれます）を定量的に評価してみることにしました。その方法は少しむずかしいのですが、あるアイソフォトに対して、銀河中心からの距離 r をフーリエ成分に分解して調べる方法です。フーリエ成分のうち、$\cos(4\theta)$ の係数を a_4 とすると、a_4 が負ならば箱型、正ならば円盤型になります。この方法を用いて約1000個の楕円銀河のアイソフォトを調べてみたのです。すると約1/3が箱型、約1/3が円盤型、そして残りの約1/3が楕円型や不規則な形状をしていることがわかったのです。「楕円銀河は楕円型の輝度分布をしている」という常識が崩れ去っていきました。

彼らは、さらに面白い事実があることに気がつきました。図4.12をご覧下さい。横軸は a_4 パラメータで、縦軸は銀河の最高回転速度を銀河中心領域の速度分散で割った値を反映した非等方性パラメータになっています。縦軸の値が大きければ相対的に回転運動が勝っていることを意味します。この図からわかることは「円盤型楕円銀河は、銀河内の星々の回転運動が重要であり、逆に、箱型楕円銀河は星々のランダム運動が重要になっている」ことです。

これは、いったい何を意味するのでしょうか？ 回転する原始銀河ガス雲の

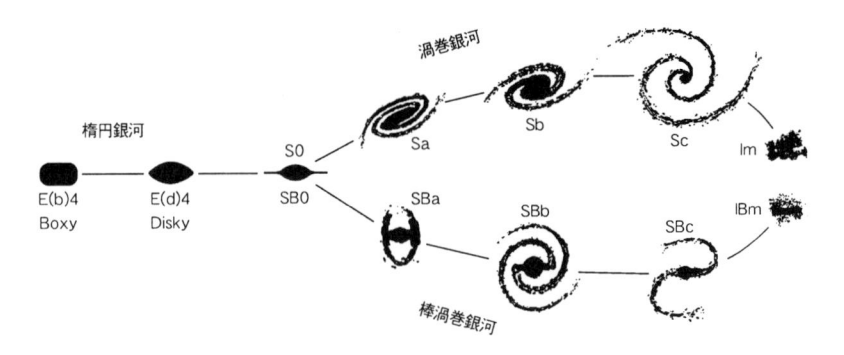

図4.13　コルメンディ博士とベンダー博士によるハッブル分類の修正版

中で、ゆっくりと星ができてくる場合を考えます。このとき、ガス雲は局所的に小さなガス雲同士の衝突などの影響でだんだん赤道方向に収縮していきます。したがって、この場合には円盤型の楕円銀河を作ることができます。しかし、箱型楕円銀河を1個の原始銀河ガス雲から作るのはむずかしいと考えられています。2個の銀河が合体した名残で、箱型の形状を作る方法がより現実的なアイデアになります。

　では、円盤型楕円銀河は1個の原始銀河ガス雲からできて、箱型楕円銀河は銀河の合体でできるというふうに断定できるのでしょうか？　残念ながらそれはできません。実は、銀河の合体でも円盤型楕円銀河が作れるからです。ガスを多く含む2個の円盤銀河が合体したとします。そのとき、大量にあるガスの中で星をゆっくり作れば、1個の原始銀河ガス雲から生まれたように、やはり円盤型楕円銀河ができるからです。ひょっとすると、すべての楕円銀河が銀河の合体からできたとする可能性もあるのです。退屈なようでいて、実は奥深い。それが楕円銀河なのです。

　このような新しい事実を踏まえてコルメンディ博士 (J. Kormendy) とベンダー博士はハッブル分類の修正版を提案しました（図4.13）。円盤型楕円銀河はS0銀河と連結しており、一方箱型楕円銀河はそれらの系列と一線を画す存在として切り分けたのです。しかし、この修正にいったいどれだけ意味があるのでしょうか？　もう銀河を分類する気がなくなっているのは私だけではないような気がします。

4.3 銀河は育つ

> 銀河同士の衝突といった要素を考慮して銀河を分類しても、カテゴリー名の後に「?」を付けなくてはいけないものがたくさんでてきてしまう。つまり、これは人間が考えるよりははるかにダイナミックに銀河が進化しているということを意味している。

　第2章で見たように、ハッブル・ディープ・フィールド(HDF)で見つかった遠方の銀河を見ると、どれも不規則な形をしています。私たちが見知っているきれいな渦巻銀河や楕円銀河はほとんどありません。

　特異な形をしている銀河の研究では大御所であるアープ博士(H. C. Arp、アープ220も彼の名前にちなんでいます)と仙台のダウンタウンで一緒に食事(お酒を飲みにいったという方が正確ですが)をする機会がありました。そのとき、私は彼に「HDFの銀河についてどう思われますか?」とお聞きしたことがありました。彼の答えは簡単でした。「ああ、みんな特異だよ」これには大笑いしました。

　しかし、彼の答えを待つまでもなく、本当に変な銀河ばかりなのです。銀河の分類の大御所であるファン・デン・バーグ博士たちはHDFの銀河の形態分類を論文にまとめています。そのカタログの一部を表4.3に示しました。ご覧になってわかるように、変な分類が続いています(一番右のコラムが形態)。

　彼らの形態分類の結果を図4.14に示します。比較のために、やはりハッブル宇宙望遠鏡の観測プロジェクトとして行われた「中間的な深さまで調べたフィールド(medium deep field：MDF)」の結果と、近傍銀河のカタログの一つである『シャープレイ・エイムズ・カタログ』(Shapley-Ames Catalog：SAC)の結果も示しました。一見してわかることは、HDFの銀河の形態は"?"が圧倒的に多いことです。

　もう一つ、面白い結果をお見せしましょう。それは相互作用銀河の出現頻度です。図4.15に結果を示します。比較のために、MDFとSACの結果も示してあります。図4.14と違って、この図では銀河の実数が示されています。HDFではMDFとSACに比べて合体銀河やその可能性の高いものが非常に多くなっ

表4.3　ファン・デン・バーグ博士らによるHDFの銀河の形態分類のカタログの一部

ID	RA	Dec	X	Y	I	U-B	B-V	V-I	A	C	RSE	vdB	Description
3-296	12 36 57	62 12 59	1646	885	21.02	-0.98	0.74	0.70	0.18	0.35	S	8:	merger? [i]
2-135	12 36 49	62 13 15	246	543	21.12	-0.07	1.35	1.16	0.18	0.41	S	4	multi-nucleus spiral?
3-426	12 36 51	62 12 21	351	1402	21.13	0.21	1.28	1.03	0.08	0.61	E	2	S0 / Sa
4-312	12 36 43	62 12 41	299	1058	21.29	0.43	2.27	2.03	0.13	0.68	E	0	E3 [R]
2-280	12 36 49	62 14 07	1496	1050	21.39	-0.47	1.03	1.35	0.13	0.55	E	3	Sa [R]
4-280	12 36 46	62 11 52	1706	1013	21.49	0.94	1.89	1.39	0.11	0.74	E	0	E1
3-350	12 36 55	62 12 46	1224	1089	21.56	-0.26	1.36	1.67	0.09	0.49	S	4	Sb pec [y]
3-90	12 36 49	62 12 57	390	396	21.56	-0.35	1.24	1.17	0.23	0.55	S	3	Sa pec
2-403	12 36 52	62 13 55	982	1452	21.57	-0.40	0.35	0.63	0.41	0.32	P	8	multiple merger [f,B]
2-134	12 36 49	62 13 14	230	467	21.75	-0.56	0.83	0.73	0.07	0.62	E	0	E3
4-672	12 36 41	62 11 42	1592	1955	21.75	-0.45	1.79	1.52	0.19	0.45	S	3	Sa [t,R]
4-665	12 36 39	62 12 26	536	1950	21.80	-1.00	0.95	1.07	0.21	0.42	S	8?	merger?
4-660	12 36 40	62 12 08	889	1906	21.86	0.20	1.39	1.79	0.05	0.60	E	0	E1
4-147	12 36 45	62 12 46	403	535	21.88	-0.05	1.61	1.85	0.03	0.60	E	-1	E0 (or star)
4-487	12 36 43	62 11 49	1555	1583	21.99	-0.22	1.29	1.78	0.06	0.40	S	4	Sb [R]
3-131	12 36 55	62 13 11	1463	488	21.99	-0.62	2.00	2.11	0.06	0.52	E	0	E0
4-56	12 36 48	62 12 21	1188	309	22.02	-1.02	0.54	1.11	0.16	0.31	S	8	mrg., 5 components [f,v]
3-512	12 36 57	62 12 27	1292	1657	22.02	-0.74	1.20	1.08	0.18	0.32	P	4	1-armed S or merger [x,y]
2-482	12 36 53	62 13 55	886	1661	22.03	-0.45	0.86	1.40	0.10	0.38	S	4	pec
2-543	12 36 56	62 12 21	1144	1749	22.08	-0.64	2.11	2.04	0.05	0.53	E	0	E0
4-18	12 36 49	62 12 17	1362	172	22.08	-0.19	1.53	1.95	0.17	0.44	S	4?	Disk w/ 3 knots [R]
3-283	12 36 57	62 13 00	1775	920	22.14	-0.79	0.75	0.47	0.12	0.39	S	3:	Sa + knot, or merger
3-128	12 36 50	62 12 56	563	517	22.15	-0.71	0.95	0.65	0.10	0.49	S	8?	merger?
4-105	12 36 48	62 12 14	1304	512	22.22	-0.82	0.74	1.39	0.10	0.21	P	5	S(B)c t [x,y]
4-357	12 36 43	62 12 18	885	1216	22.24	-1.02	0.71	1.10	0.07	0.54	E	3	Sa pec
2-553	12 36 55	62 13 55	765	1882	22.24	-0.61	0.62	1.18	0.13	0.28	S	4?	nucleated Ir? [x,y]
2-86	12 36 48	62 13 21	449	445	22.27	-1.10	0.50	0.92	0.12	0.27	S	8	merger (proto-spral?) [u]
4-683	12 36 38	62 12 31	226	1928	22.27	-0.63	1.88	1.51	0.18	0.33	S	2?	S0?
2-164	12 36 50	62 13 18	265	693	22.27	-0.44	1.61	1.83	0.10	0.32	S	4	distorted spiral R
4-455	12 36 44	62 11 43	1782	1434	22.28	-0.77	0.61	1.17	0.26	0.21	P	8	merger [f,x,y]
3-153	12 36 57	62 13 15	1861	549	22.32	-1.10	0.39	0.90	0.39	0.29	P	8	merger [f]
4-137	12 36 47	62 12 30	847	502	22.32	-0.90	0.94	0.70	0.16	0.48	S	3	Sab pec [b]
2-116	12 36 48	62 13 30	679	513	22.34	-0.70	0.71	1.32	0.19	0.32	P	8?	merger?
2-85	12 36 48	62 13 20	434	446	22.37	-1.06	0.74	1.25	0.13	0.23	P	8	Merger (proto-spiral?) [a,x,y]
3-376	12 36 53	62 12 35	771	1199	22.41	-0.76	0.92	0.93	0.19	0.43	S	2?	S0 pec?
4-162	12 36 48	62 11 49	1958	598	22.47	-0.71	1.01	1.51	0.08	0.49	E	3	Sa pec
2-301	12 36 49	62 14 16	1683	1178	22.55	0.01	0.39	0.46	0.25	0.18	P	8	multiple, mergers [B]
4-466	12 36 43	62 11 52	1487	1512	22.56	-0.73	0.29	0.64	0.07	0.64	E	0?	E3 pec?
2-592	12 36 55	62 14 03	978	1971	22.57	-0.41	1.24	1.16	0.07	0.34	S	4	2 nuc. in disk, merger?
4-348	12 36 44	62 12 01	1385	1198	22.58	-0.97	1.23	0.94	0.06	0.33	S	4	Sb pec
2-383	12 36 51	62 14 02	1184	1390	22.62	-0.74	1.05	1.05	0.21	0.43	S	1?	S0? pec [b]
2-139	12 36 46	62 14 08	1725	582	22.66	-0.04	0.55	0.46	0.26	0.57	E	0	E3 [g]
3-312	12 36 55	62 12 49	1271	1013	22.69	-0.62	0.64	1.29	0.14	0.26	P	8	merger [f]
2-352	12 36 50	62 14 19	1709	1307	22.71	-0.97	0.64	1.17	0.09	0.30	P	4	1-arm S + cpct. comp. [h,ac]
4-627	12 36 40	62 12 04	1044	1814	22.72	-0.86	0.50	1.09	0.39	0.30	P	7	tad. gal., mult. nuc.
2-278	12 36 51	62 13 34	527	1096	22.74	-0.58	0.83	1.41	0.04	0.35	S	0:	E1? [R]
3-475	12 36 52	62 12 21	501	1481	22.74	-1.00	1.00	0.71	0.09	0.62	E	0	E4
4-341	12 36 45	62 11 54	1588	1174	22.77	1.38	1.00	0.60	0.36	0.31	P	8	merger, in group [R]
4-585	12 36 41	62 12 28	385	1737	22.78	-0.25	0.54	0.52	0.15	0.31	P	8	S + St, merger
3-174	12 36 50	62 12 52	523	620	22.79	-0.62	1.16	1.06	0.07	0.20	S	8?	merger? [a,x,y]
3-294	12 36 56	62 13 01	1602	812	22.80	-0.75	0.56	1.29	0.06	0.53	E	0	E0 [R]
4-626	12 36 40	62 12 06	1002	1773	22.81	0.42	0.63	0.65	0.20	0.58	E	3	Sa pec [g]
2-121	12 36 49	62 13 19	348	533	22.84	-0.73	0.50	0.89	0.16	0.49	S	4?	Sbt?
2-445	12 36 52	62 14 05	1214	1572	22.85	-0.75	1.00	1.17	0.45	0.34	P	8	multiple merger [ae]
4-258	12 36 44	62 12 40	413	909	22.87	-1.04	0.54	1.21	0.14	0.26	P	8	merger [f]
3-629	12 36 56	62 12 11	1000	1983	22.87	-0.62	0.98	0.66	0.12	0.35	S	3	Sab pec
2-220	12 36 49	62 13 52	1094	966	22.91	-0.95	0.53	1.20	0.31	0.21	P	8	multi-component mrg. [r]
3-666	12 36 58	62 12 16	1352	2002	22.91	-0.93	0.32	0.86	0.09	0.48	E	1	E3 / Sa
4-85	12 36 47	62 12 32	831	400	22.92	-0.77	0.77	1.28	0.06	0.47	S	3	Sa
3-581	12 36 54	62 12 23	1483	1851	22.92	-1.14	0.61	0.87	0.08	0.51	S	3	Sa pec
2-84	12 36 48	62 13 19	417	377	22.93	0.20	1.43	1.13	0.04	0.54	E	0	E3

第4章　銀河──美しき誤解、ふたたび

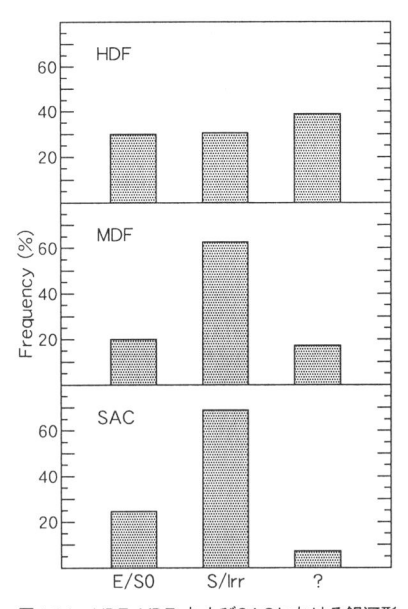

図4.14　HDF、MDF、およびSACにおける銀河形態の出現頻度（数字は%）。

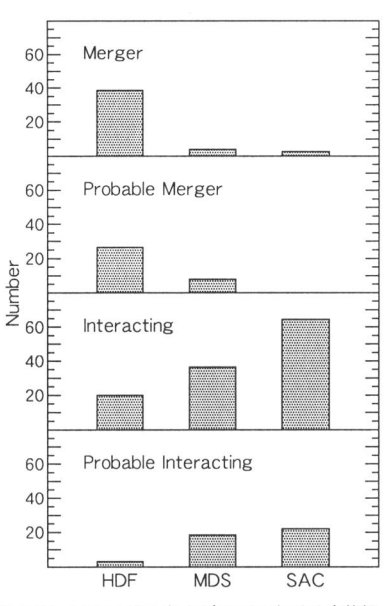

図4.15　HDF、MDF、およびSACにおける合体銀河と相互作用銀河の出現頻度の比較。

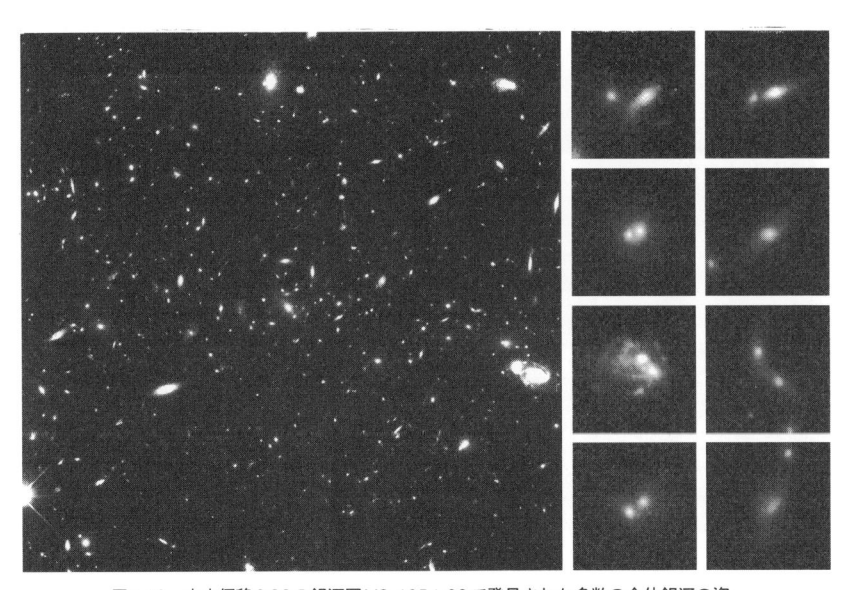

図4.16　赤方偏移0.83の銀河団MS 1054-03で発見された多数の合体銀河の姿。

第4章　銀河——美しき誤解、ふたたび

ています。図4.16には赤方偏移0.83の銀河団MS1054－03で発見された多数の合体銀河の姿を示しました。

以上のような比較をしてみると一つの結論がでます。それは「銀河はダイナミックに進化してきている」ということです。そんな単純なことを人類はHDFの観測からようやく学んだのです。これを示すわかりやすい図が、宇宙望遠鏡研究所から提供されているので、図4.17に示しました。この図では、宇宙年齢が140億年だと仮定されています。宇宙誕生後20億年の銀河の姿はボヤッとしていて、まだきれいな構造を見せていません。しかし、宇宙年齢が50億歳の頃になると、少しずつ銀河らしくなってきて、90億歳の頃にはかなりそれらしい形に育ってきている様子がわかります。銀河が育つには、100億年以上の歳月が必要なのです。

では、なぜ昔の方が銀河の合体現象が盛んに起こっていたのでしょうか? この問題を考える前に、まず近傍の宇宙を見て、銀河がたくさん集まっている場所があるかどうかを調べてみましょう。

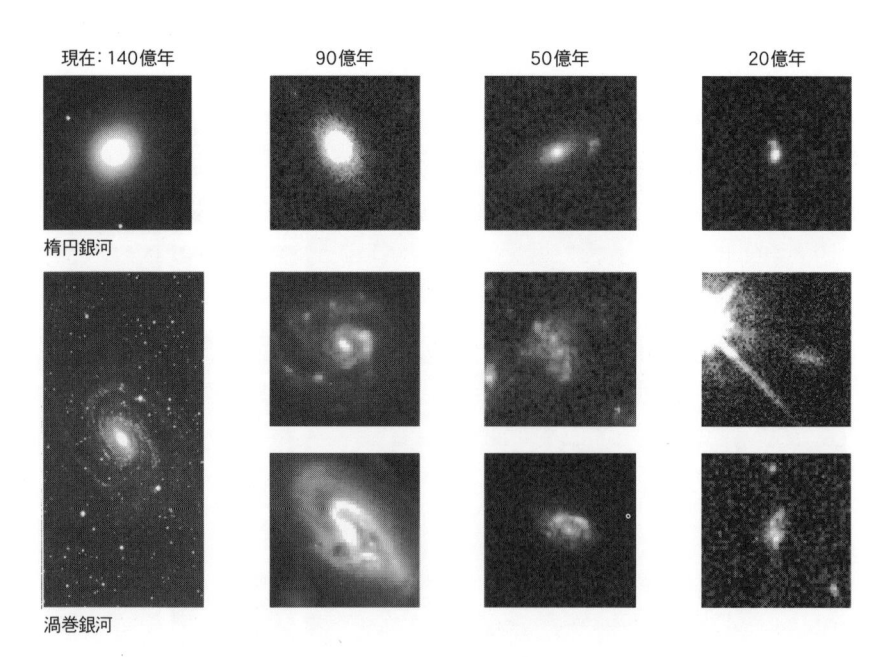

現在：140億年　　90億年　　50億年　　20億年

楕円銀河

渦巻銀河

図4.17　宇宙年齢と共に銀河の形態が進化していく様子。

第4章　銀河——美しき誤解、ふたたび

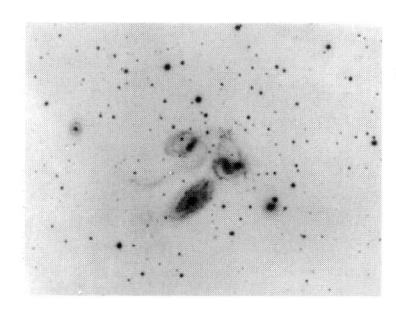

図4.18 「ステファンの五つ子 (Stephan's Quintet)」と呼ばれる銀河群。

図4.19 「ステファンの五つ子」の正体は四つ子。

　2個の銀河が相互作用している例はすでに見ました(図2.10)。また、第3章でお話したウルトラ赤外線銀河は2個以上の個数の銀河が合体しているものでした(図3.10)。銀河は孤立して存在するより、群れている場合の方が多いのが現実のようです。その典型的な例の一つが銀河群です。

　銀河群の存在は何と19世紀から知られていました。「ステファンの五つ子 (Stephan's Quintet)」と呼ばれる銀河群は、ステファン博士(M. E. Stephan)によって1877年に発見されました(図4.18)。しかし、左下の方に見える渦巻銀河は、たまたまこの銀河群の方向にある手前の銀河で、実際には残りの4個の銀河が銀河群の本当のメンバーであるとされています(図4.19)。

　銀河群をきちんと同定するにはメンバーの視線速度を測定し、実際に同じような距離にあるかどうかを確認しなければなりません。3個以上の銀河がきちんとメンバーであることが確認されたものを銀河群と定義します。個数の上限は、はっきりした数字はありませんが、10個程度です。ヒクソン博士(P. Hickson)は銀河群を探査して約100個の銀河群を見つけ出しました(Hickson Compact Group of galaxies：HCGと略されます(図4.20))。彼は、これらの銀河群をパロマー天文台のシュミット望遠鏡で撮影された掃天アトラスを肉眼で見て探しだしました。いまではもっと質の良いサーベイデータからコンピュータを使って効率的に探すことができます。そのおかげで、銀河群の個数は1000個のオーダーで見つかるようになってきています。

　銀河群の一つ上の階層が第2.3節でもお話した「銀河団」です。数百個から数千個の銀河の大集団です。一口に銀河団といっても、いろいろな銀河団があります。「おとめ座銀河団」(図2.12)のように円盤銀河が比較的多く存在す

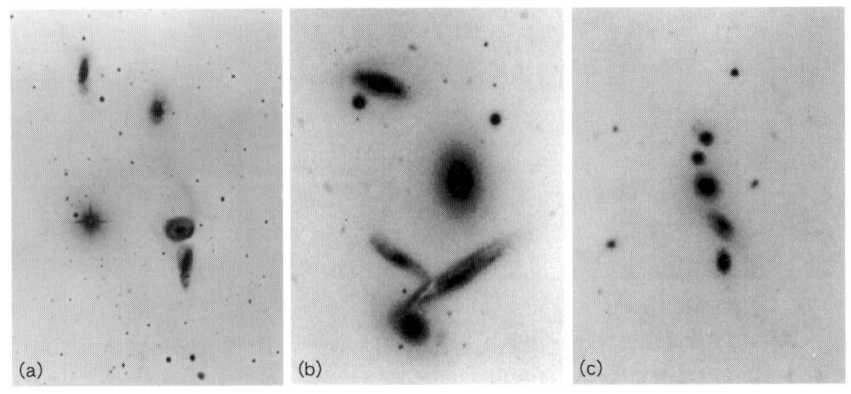

図4.20 ヒクソン博士の見つけた銀河群の例。(a) HCG 16、(b) HCG 40、(c) HCG 55、(d) HCG 56

る銀河団から、メンバーのほとんどが楕円銀河やS0銀河からなっている銀河団まであります。後者の典型的な例は「かみのけ座銀団」です（図4.21）。2個の巨大な楕円銀河（cD銀河と呼ばれます）が銀河団の中心部にあり、そのまわりに群れるように楕円銀河やS0銀河が存在しています。

いままでにカタログ化されている銀河団の個数は、数千個にもなります。これだけあるとやはり分類したくなるのが人の常です。銀河団に対しても、そのメンバーの性質や全体の形状から、いくつか分類体系が提案されています。ルッド博士（H. J. Rood）とサストリー博士（G. N. Sastry）が分類した例を図4.22

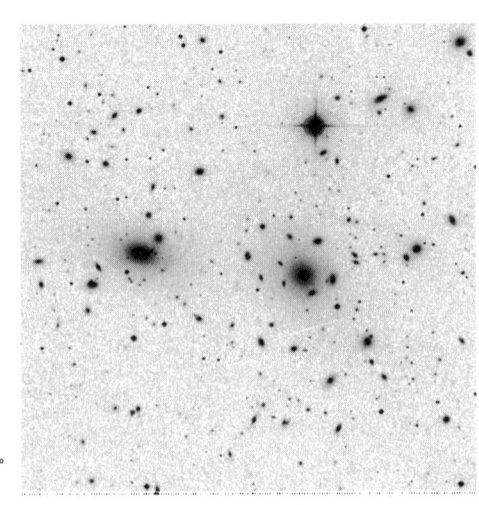

図4.21 かみのけ座銀河団の中心部。2.9億光年の距離にある。

第4章 銀河──美しき誤解、ふたたび

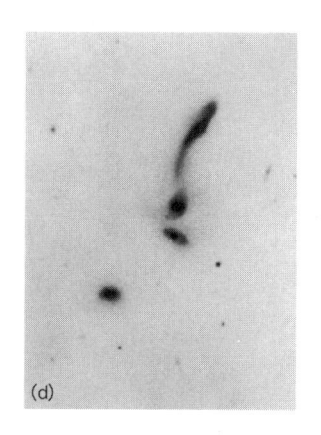

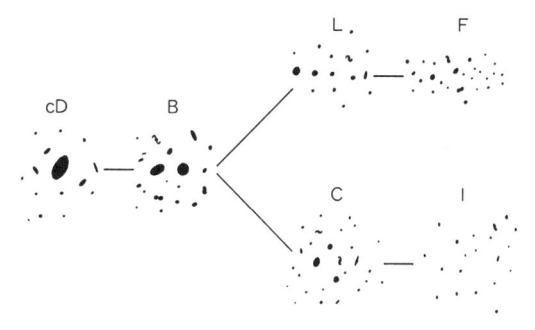

図4.22　銀河団のルッド - サストリー分類。

表4.4　銀河団のルッド - サストリー分類

タイプ	タイプの由来	特徴
cD	Super giant	巨大なcD銀河が存在する
B	Binary	2個以上の明るい銀河が銀河団の中心部に存在する
L	Line	3個以上の銀河が直線状に分布する
C	Core-halo	4個以上の銀河が中心部に存在し、そのまわりに暗い銀河が多数存在する
F	Flat	数個以上の銀河が扁平に分布する
I	Irregular	銀河の分布が不規則になっている

と表4.4に示します。まるで銀河のハッブル分類のように「音叉」型の分類体系になっているところが面白いですね。意識的にそうしたのかもしれません。

　銀河団は、重力的に束縛されている宇宙最大規模の構造です。この重力場に捉えられているのは銀河だけではなく、プラズマ（電離ガス）もそうです。強力な重力場のおかげで、プラズマの温度は1000万Kから1億Kにも達しています。このプラズマはX線で観測されるので、銀河団全体の重力場の様子を調べる道具として使われています。このX線の観測から推定される銀河団の質量は銀河として光って見える質量の約10倍以上あります。第1章のコラム（p.15）でお話した「ダークマター」が、銀河団の主役として君臨していることがわかります。

　銀河群や銀河団が宇宙にたくさんあることはわかりました。しかし、いままでのお話だけでは、銀河群や銀河団が宇宙の中でどのように分布しているのかがわかりません。これを知るためには、一般的に銀河が宇宙の中で3次元

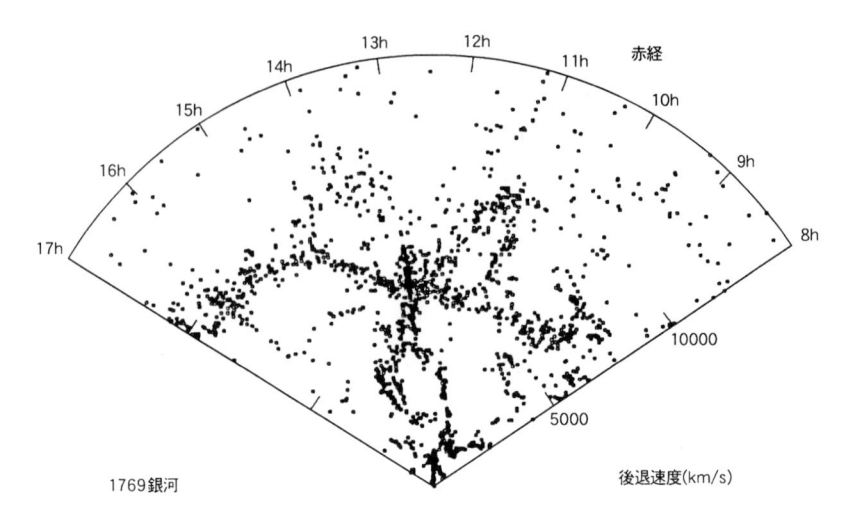

図4.23 ゲラー博士らが作った宇宙地図。奥行きは視線速度でかいてあるが、約5億光年の距離まで見ていることになる。

的にどのように分布しているのかを調べるのが一番よい方法です。つまり、宇宙地図を作ればよいのです。

　しかし、この作業は大変です。多数の銀河の視線速度を測り、距離を決めなければならないからです。この大変な研究に挑戦したのがアメリカのハーバード・スミソニアン天体物理学研究所のゲラー博士(M. Gellar)とハクラ博士(J. P. Huchra)です。1970年代後半に入ってからでした。彼らは、約1800個の銀河のスペクトル情報に基づいて"宇宙地図"を作りました(図4.23)。天の川銀河から約5億光年以内の宇宙地図です。彼らがそこに見たもの。それはまさに宇宙の大規模構造でした。

　図4.23を見てわかるように、銀河は鎖のように連なって分布しており、鎖の交わる場所では特に銀河の個数密度が高くなっています。これは宇宙地図といっても、ほぼ2次元的な地図です。ですから、もし3次元的な地図が描けたとすれば、鎖は「シェル」のようになっているはずであり、シェル(殻)の接する場所で銀河の個数密度が高くなっている、というふうに読み替えることができます。つまり、宇宙はたくさんの泡からなるような構造(泡状構造)をしており、

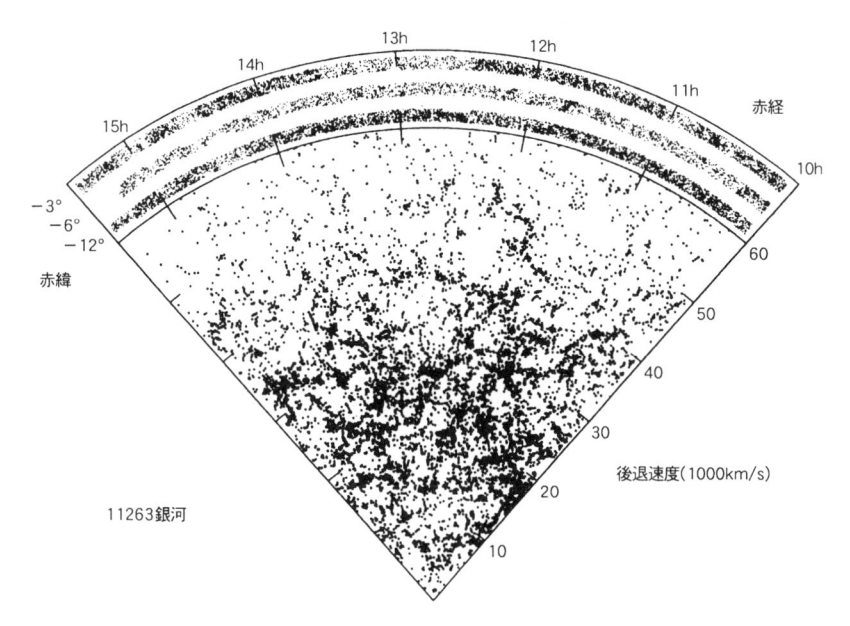

図4.24 ラス・カンパナス天文台のサーベイに基づく宇宙地図。奥行きは同様に視線速度でかいてあるが、約20億光年の距離まで見ていることになる。

① 泡の中にはほとんど銀河が存在せず（ボイド void と呼ばれます）、
② 泡の表面に銀河が群れており、
③ 泡が接するところは銀河団になっている、

ことになります。

　この大発見に刺激され、より大規模な宇宙地図作りがいくつかの研究グループによって進められています。図4.24にラス・カンパナス天文台（南米チリ共和国にあるアメリカのカーネギー天文台が運用している口径2.5mの反射望遠鏡）で行われたサーベイの結果を示します。図4.23のゲラー博士らのサーベイに比べて、ラス・カンパナス天文台のサーベイは奥行きで約4倍になっていますから、観測した領域の体積はその3乗で約64倍にもなります。この図から、宇宙の「泡状構造」はさらに遠方の宇宙まで続いていることがわかります。現在このサーベイを超える大規模な計画がいくつか進んでいるので、宇宙の大規模構造の詳細な研究が可能になることが期待されています。

　ここまできて、ようやく「銀河が群れて存在している理由」がおわかりいた

だけたのではないでしょうか？　銀河はあるところにはいっぱいあり、ないところにはない。そんな宇宙の大規模構造のなせるわざだったのです。「宇宙は一様・等方である」とする「宇宙原理」があります。しかし、もし数億光年のスケールで宇宙を見たときにはこの宇宙原理が成立しないことがわかったのです。

では、どうやってこのような大規模構造を宇宙は作ってきたのでしょうか？　それはひとえに重力のなせるわざなのです。第3.4節でお話したように、ビッグバンは、ほんのわずかですが宇宙に密度の揺らぎを作りました（図3.24）。この揺らぎを種にして、少しずつ大規模構造を育んできたのです。"ボトム・アップ"シナリオを思い出してください（図3.23）。

宇宙における構造形成の主役は、ダークマターだと考えられています。つまりダークマターの重力を利用して、少しずつ構造形成が進んだと考えるのです。この様子を調べるにはコンピュータによるシミュレーションが役立ちます。ダークマターの密度揺らぎが時間と共にどのように成長していくか見ていくのです。図4.25にその一例をお見せします。このシミュレーションではアインシュタイン‐ド・ジッター宇宙モデルでハッブル定数 $H_0 = 50$km/s/Mpcを採用しています（→補遺4、補遺5）。

ここにプロットしてあるのはダークマター粒子の空間分布です。赤方偏移

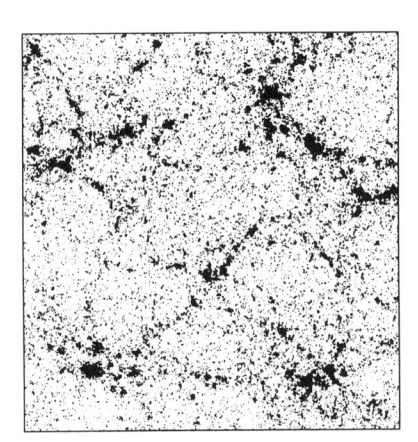

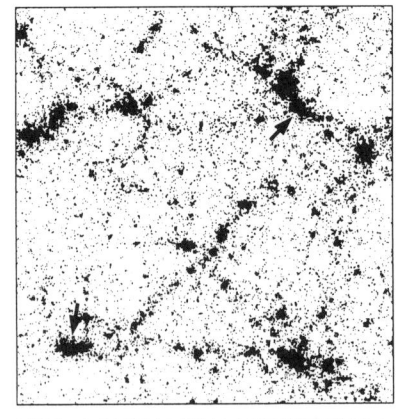

図4.25　ダークマターが重力によって構造形成していく様子。赤方偏移1の頃（左）と赤方偏移0（すなわち現在。右）での様子。矢印で示したような場所は銀河団だと考えられる。

第4章　銀河——美しき誤解、ふたたび

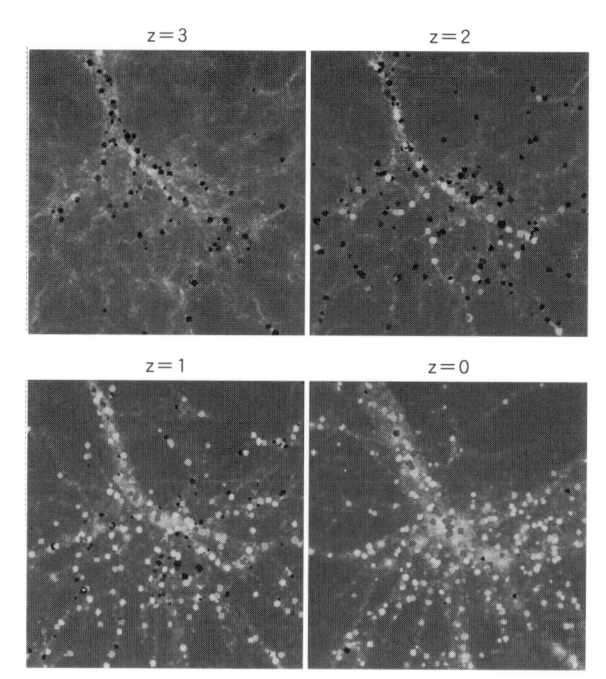

図4.26　図4.25と同様な構造形成のシミュレーション。赤方偏移が3から2、1、0と小さくなるにつれて（つまり時間の経過とともに）、ダークマターが集まってきて、その中で銀河（点）が形成されていく様子がわかる。

1の頃（図4.25の左のパネル）でも、構造形成が進んでいます。赤方偏移0（すなわち現在。右のパネル）になると、ダークマターの集団化がさらに進んでいる様子がわかります。赤方偏移0のパネルの中に矢印で示した部分は銀河団ができるような場所に相当しています。

せっかくなので、銀河団が形成されていく様子を示す、別のコンピュータ・シミュレーションも見てみましょう。図4.26をご覧下さい。やはり、ダークマターが時間とともにゆっくりと大規模構造を作ってゆく様子がわかります。そして、その中で銀河が誕生していく様子もわかります。

このように100億年以上に及ぶ歳月をかけて、宇宙は大規模構造を作り、銀河団も作ってきたのです。「小から大へ」と移行していく「階層構造的集団化（hierarchical clustering）」のボトム・アップシナリオです。

4.4 銀河は語る

銀河は誕生の時から現在まで、互いに相互作用しながら育っている。つまり他からの影響なしに単独で進化することはないのだ。理論的には「単独」と考えると便利なのだが、人間側の都合はそこでは通用しない。

　前章でお話したように、宇宙では「小から大へ」と構造形成を行ってきたと考えられています。このシナリオでは、最初から巨大な銀河が形成されたわけではなく、銀河の形成そのものが、銀河よりずっと小さなガス雲の合体でできたと考えられています。そして、出来上がった銀河はさらに群れを作るように、ダークマターに操られて集団化していきます。つまり、「銀河は衝突しやすくなるように仕組まれている」ともいえます。

　そして、いままで見てきたように、銀河は100億年以上の歳月をかけて、少しずつ現在の姿になるまで形態的な進化をしてきています。しかし、その進化も孤立系としての進化と断言することはできません。なぜなら銀河は集団化する環境の中で育ってきているからです。

　第1章では、銀河の形態を調べて、銀河の"物理的背景"を探るお話をしました。結論は「大変むずかしい」ということでした。その最大の理由は第2章以降でお話してきたように、「銀河は環境と相互作用しながら育ってきている」ということにあると考えられます。ここでいう"環境"はダークマターの重力、近傍にある銀河との相互作用などを意味します。このような広い意味での環境効果を考えないと、銀河の本質は見抜けないのではないかと感じています。この最後の節ではもう少し銀河の環境効果を見ていくことにしましょう。

　いままで触れてきませんでしたが、銀河の大多数は「矮小銀河」(dwarf galaxies) と呼ばれる、小さく暗い銀河です。私たちの住む天の川銀河の直径は優に20 kpcを超えています。天の川銀河は比較的大きな銀河ですが、典型的な銀河は10 kpc程度のサイズです。しかし、銀河の中には直径が数kpc以下、あるいは1 kpc程度しかない小さな銀河の方が圧倒的に多いのです。このような矮小銀河の例を図4.27に示します。

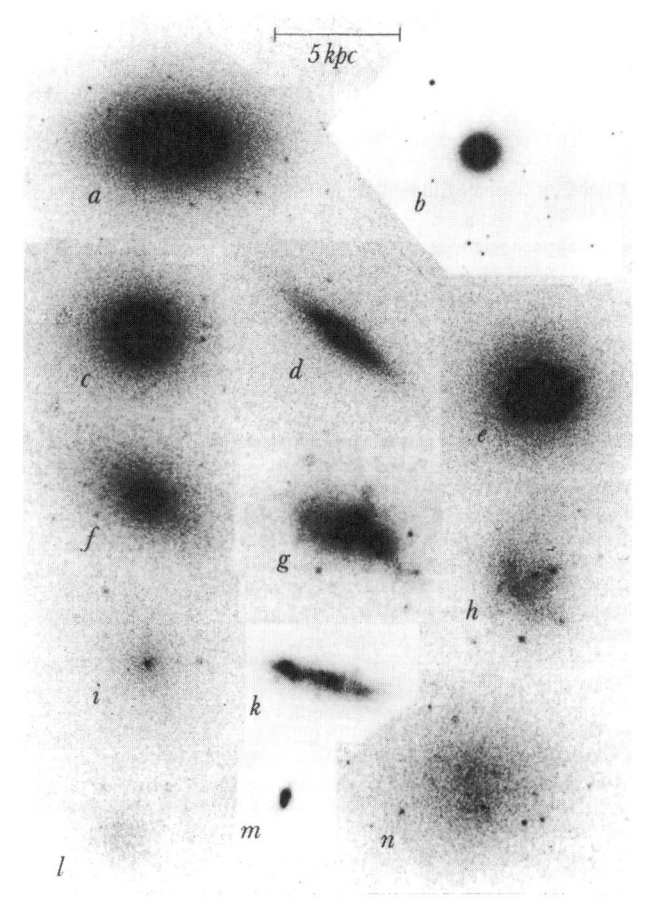

図4.27 矮小銀河の例。

　矮小銀河の光度は普通の銀河の1/100程度でしかありません。等級にすると5等級も暗いことになります(等級と光度については補遺6を参照して下さい)。図4.28に銀河の光度関数を示しました。ここで光度関数ϕとは単位体積中(通常は1Mpc^{3}あたりにします)に、明るさ L (あるいは絶対光度 M)の銀河が何個存在するかを表す関数です。この図ではいろいろな形態の銀河ごとに光度関数が示されています。矮小楕円銀河は特におとめ座銀河団の方で多くなっていることがわかりますが、これは銀河団に共通して見られる特徴です。

　このような矮小銀河はどのようにしてできたのでしょうか？　普通の銀河と

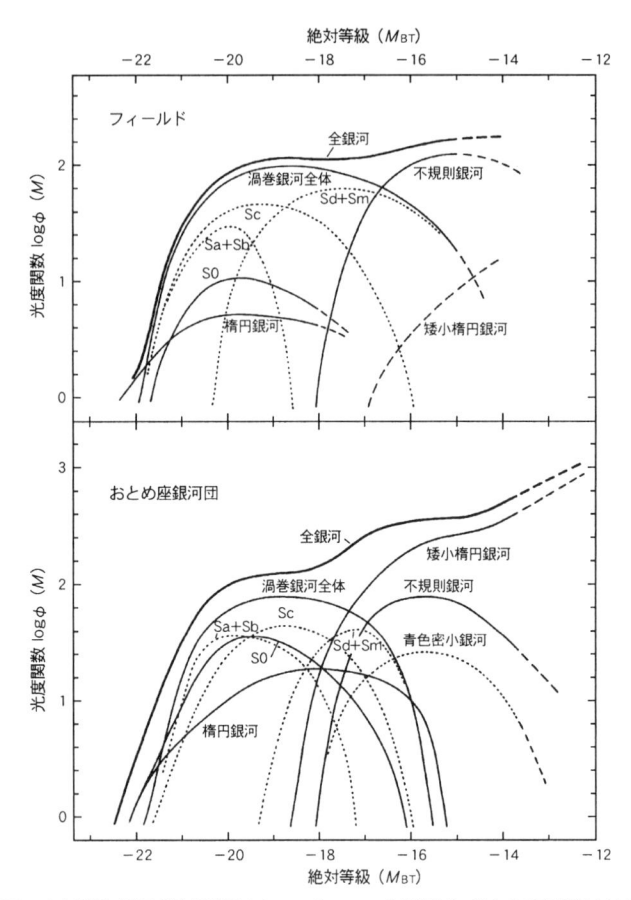

図4.28 銀河の光度関数。銀河が比較的孤立しているフィールド銀河に対する光度関数が上にあり、おとめ座銀河団の銀河に対する光度関数が下に示してある。横軸はBバンドでの絶対等級。

一緒にできたのでしょうか？ 普通の銀河まで質量的に成長できなかったものが矮小銀河なのでしょうか？ 疑問がいくつも湧いてきます。特徴的なことは矮小銀河が銀河団で多くなっていることです。

そもそも、銀河には「形態‐密度関係(morphology-density relation)」と呼ばれる関係があることがわかっています（図4.29）。銀河の個数密度が高いところでは楕円銀河やS0銀河が増え、逆に個数密度が低いところでは円盤銀河や不規則型銀河が増えるという関係です。この関係において、矮小銀河（特に矮小楕円銀河）は楕円銀河と同じ性質を示していることになります。

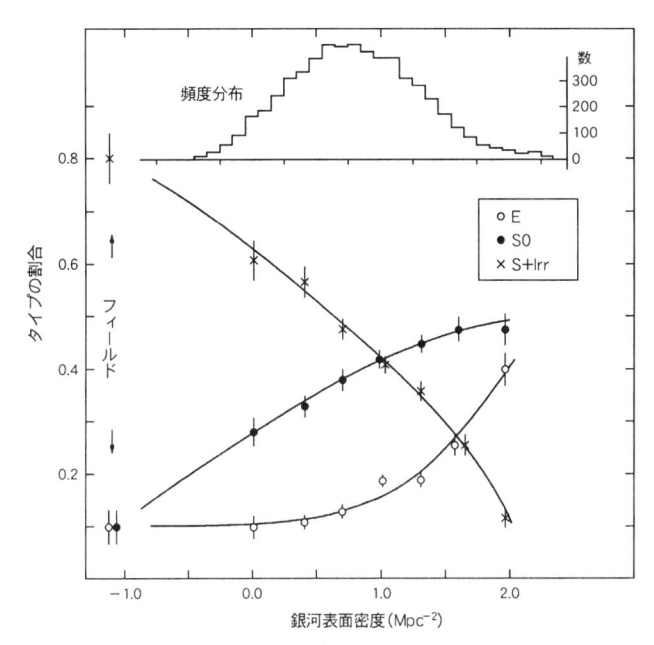

図4.29 銀河の形態 - 密度関係。縦軸は銀河の占める割合、横軸は銀河の表面密度（Mpc^{-2}）の対数。上のパネルには銀河の表面密度に対する頻度分布を示している。

　銀河の形態 - 密度関係自体、まだその起源についてはよくわかっていません。しかし、矮小楕円銀河は楕円銀河と同じように銀河の個数密度が高い場所を好むことは観測事実です。

　楕円銀河の形成メカニズムは2通りありました（第3.4節、図3.25）。一つはガス雲の合体で、銀河形成期に楕円銀河として生まれる可能性（厳密には違いますが、図3.25の銀河風モデルに相当します）。もう一つは円盤銀河の合体から後天的に生まれる可能性です。銀河団の中にある楕円銀河を構成している星々の年齢は一様に年老いている（100億歳以上）ので、後者の可能性の場合でも、円盤銀河の合体はかなり早い時期に起きていなければなりません。

　最近、円盤銀河の合体のとき、潮汐力（p.140→補遺8）で引き伸ばされる腕の中で矮小銀河が生まれる可能性が注目を集めています。図4.30に合体銀河の潮汐腕で生まれつつある矮小銀河の例をお見せします。また、図4.31には銀河の合体のコンピュータ・シミュレーションで矮小銀河ができる様子をお見

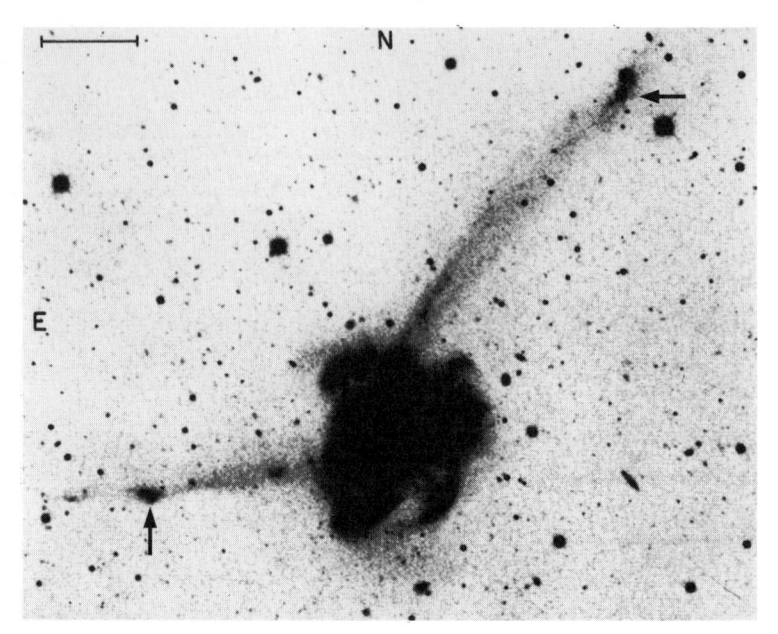

図4.30 合体銀河 NGC7252 の潮汐腕で生まれつつある矮小銀河の例。左側と右斜め上に伸びる腕の先の方に矮小銀河が見える(矢印)。

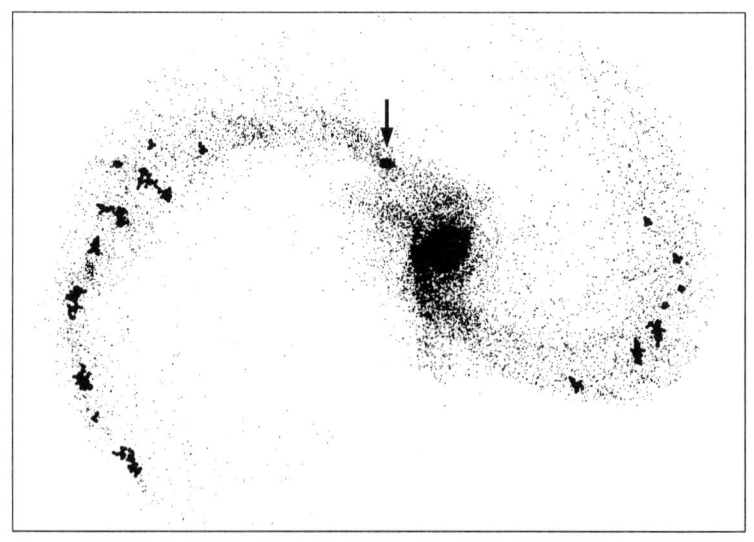

図4.31 銀河の合体で矮小銀河ができる様子を示すコンピュータ・シミュレーション。上の図は合体銀河の全体像。潮汐力で伸びた2本の腕の中に、黒く示してあるものが矮小銀河になっていく候補。矢印の黒い部分が最も質量の大きな矮小銀河。

第4章 銀河──美しき誤解、ふたたび

図4.32　大マゼラン雲（距離16万光年）。

せします。銀河団の中では銀河の個数密度が高いので必然的に銀河の合体する頻度も高くなります。したがって、楕円銀河も矮小楕円銀河も銀河の合体で作ってしまうことができるのです。

　もちろん、銀河の個数密度が高い場所では、楕円銀河も矮小楕円銀河もたくさんできた、という仮説も成立します。したがって、現段階ではどちらが良いメカニズムなのか判定はできません。ただ、いったんできあがった銀河から、銀河の合体というプロセスを経て、2次的に矮小銀河を作ることもできるというのは見事な芸当です。人間が結婚して、子供を作るような感じでしょうか！

　最後に、衛星銀河が合体したら銀河はどうなるかを考えてみることにしましょう。これは珍しい現象ではありません。なぜなら、どんな銀河も必ずといってよいほど、衛星銀河を持っているからです。たとえば私たちの住む天の川銀河にも大マゼラン雲・小マゼラン雲という立派な衛星銀河があります

第4章　銀河——美しき誤解、ふたたび

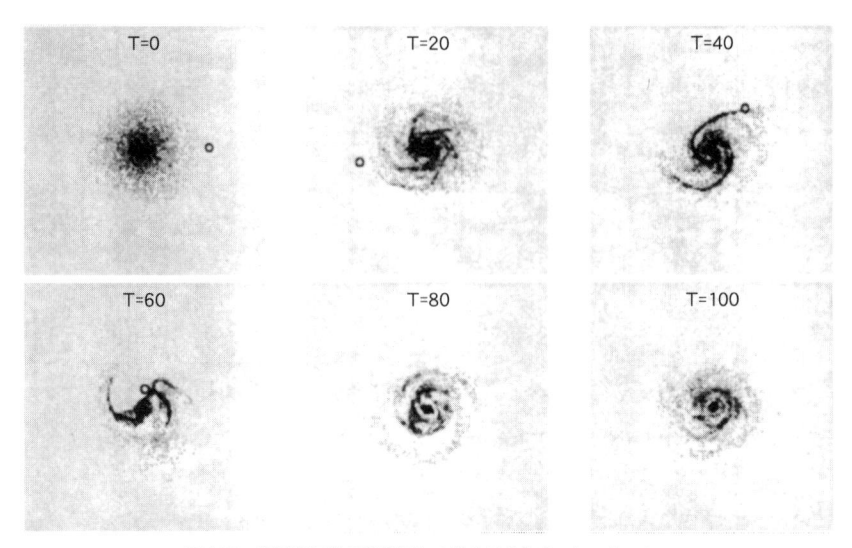

図4.33 衛星銀河を円盤銀河に合体させるシミュレーション。

(図4.32)。

　これらは天の川銀河の誕生以来、延々と天の川銀河のまわりを回ってきていると考えられています。しかし、いずれは天の川銀河に合体していく運命です。天の川銀河にはこれらマゼラン雲の他にも、10個以上の矮小銀河が衛星銀河として存在しています。天の川銀河が誕生したときに比較的近くに衛星銀河があったとしたら、それらはすでに天の川銀河に合体していると思った方がよいです。このように考えると、どんな銀河も衛星銀河の合体を数回くらい経験していると統計的に推定されています。それぐらいありふれたことなのです。

　では、衛星銀河の合体は銀河本体にどのような影響を与えるのでしょうか？　コンピュータ・シミュレーションの結果を見てみましょう(図4.33)。銀河本体の1/10の質量を持つ衛星銀河を円盤銀河に合体させる例です。衛星銀河が落ち込んでいくと、銀河本体に非軸対称な重力場が形成されることになります。この重力場は円盤にある星やガスに擾乱を与え、きれいな渦巻腕を作ります。しかし、渦巻の様子は衛星銀河が落ち込んでいくにつれて、どんどんその姿を変えていきます。そして、完全に落ち込んだときには、銀河の内部にリ

ングのような構造を作っています。これは衛星銀河の持っていた軌道角運動量を、円盤銀河の星々に与えたため、その角運動量のおかげで星々の軌道がより外側に移ってしまったからです。「力学的摩擦(ダイナミカル・フラクション)」と呼ばれる現象です。

さて、いま一度円盤銀河の形態の変化を見てください。あるときはSb型になったり、あるときはSc型になったりしているように見えませんか？ そしてリングができたりするわけです。つまり、衛星銀河の合体が進行していくにつれて円盤銀河の形態が変わってしまうのです。その一瞬をとらえて、この銀河の形態を分類することに意味があるでしょうか？ たぶん、答えはノーです。

この合体の間、バルジと円盤の光度比は大きくなる方向に向かいます。それだけでも分類に影響を与えます。第1.3節でバルジと円盤の光度比とハッブル分類のタイプの相関を調べたことを思い出してください（図1.6）。あまりにデータ点がばらついていました。衛星銀河の合体の影響は10億年程度残ります。もし、多くの円盤銀河が衛星銀河の合体を経験してきているならば、銀河の形態分類は大きな影響を受けることになります。

最後に、もう一つシミュレーションの例をお見せします（図4.34）。この最後の姿と、その下に示した銀河NGC 7479の形を比べてみてください。瓜二つです。そしてこの銀河の形態をRC3カタログで調べてみるとSBcとなっています。何ら特異性のない、きれいな棒渦巻銀河に分類されているのです。でも、この銀河のいまの形態を決めているのは、衛星銀河の合体による力学的な作用だと考える方が自然です。この銀河の形態をSBcと決めたからといって、どのような意味があるのか良くわかりません。

図4.34を見て、お気づきだと思います。衛星銀河の合体は美しい渦巻腕を作るだけではなく、時には「棒状構造」まで作ってしまいます。これは衛星銀河から及ぼされる潮汐力の影響が"銀河を引き伸ばす"ように働くからです（補遺8をご覧下さい）。

銀河のハッブル分類（図1.4）でも、棒渦巻銀河の存在は円盤銀河の中の一つの系列として重要視されていました。実際、円盤銀河の約半数は棒渦巻銀河に分類されます。昔は、棒状構造の起源は「銀河円盤の重力的な不安定性」に

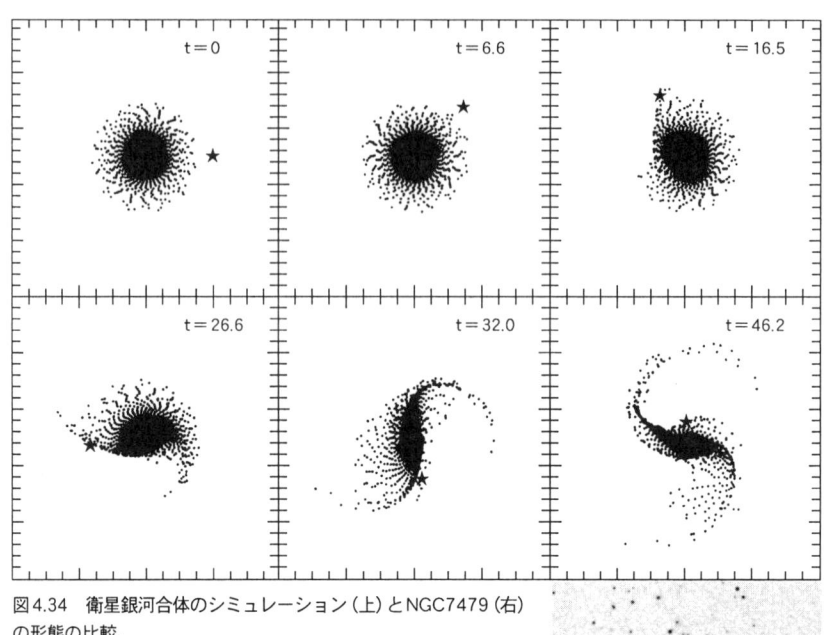

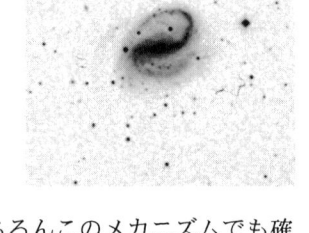

図4.34　衛星銀河合体のシミュレーション（上）とNGC7479（右）の形態の比較。

由来するものであると考えられていました。もちろんこのメカニズムでも確かに棒状構造はできます。しかし、いまでは、銀河の相互作用も多くの棒渦巻銀河の誕生に寄与していると考えられています（図4.35）。

では、棒状構造は安定な力学構造なのでしょうか？　一般的には、きわめて安定した構造です。つまり、円盤の中でいったん棒状構造ができると、円盤自身にはそれを壊していく力がありません。もし、自然に壊れていくとすると、棒の中にある星々が少しずつ円盤にある星々やガス雲と重力的な相互作用を通して逃げていくようなことを考えなければなりません。これは非常に時間のかかるプロセスです。

銀河の中心核に非常に質量の大きな天体があると、棒の中の星々はこの天

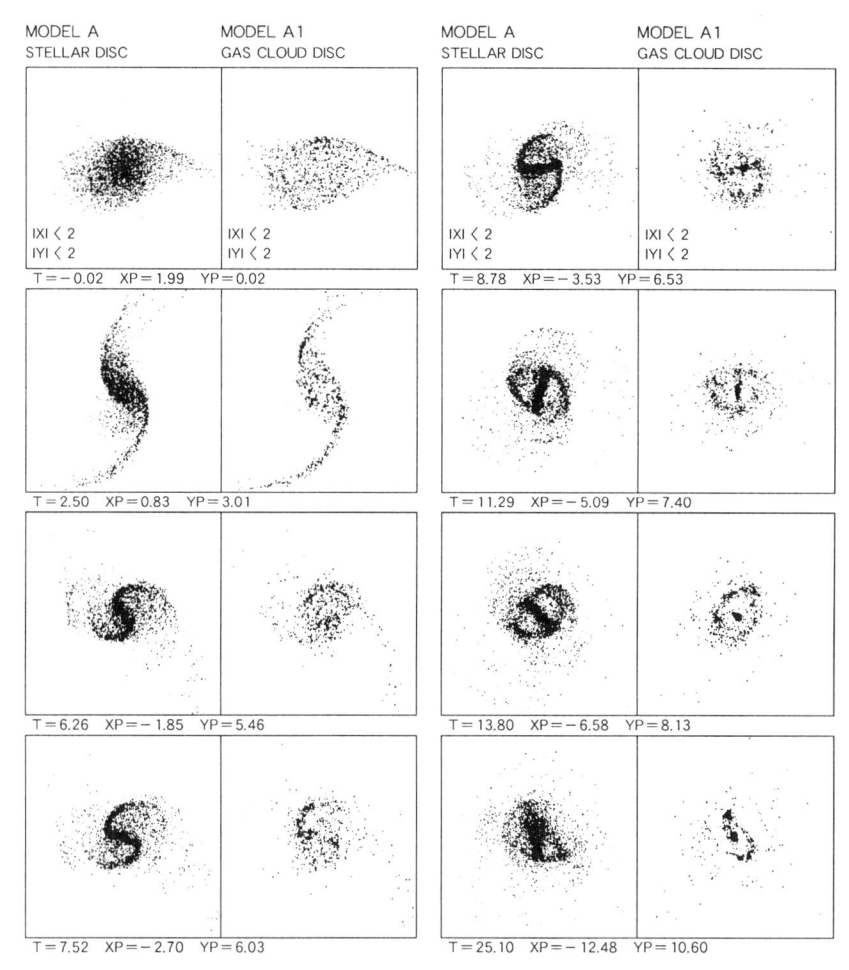

図4.35 銀河の相互作用で棒状構造が形成されていく様子（同じ質量の銀河が相互作用する例）。一対のパネルで、左側には星の円盤の形態変化、右側にはガス円盤の形態変化が示されている。Tは時間の目安で数億年に及ぶ経過を示している。

体によって重力的に散乱されることがあります。多くの円盤銀河の中心には太陽の100万倍程度の質量を持つコンパクトな天体（銀河中心核、超大質量ブラックホールの可能性が高いと考えられています）があります。ですから、うまくいくと数十億年の時間をかけて、棒状構造を壊すことができます（図4.36）。

　以上のことをまとめて考えてみると、結局円盤銀河は衛星銀河の合体も含めて、銀河間相互作用を経験しながら、渦巻や棒状構造を作り、またそれらの

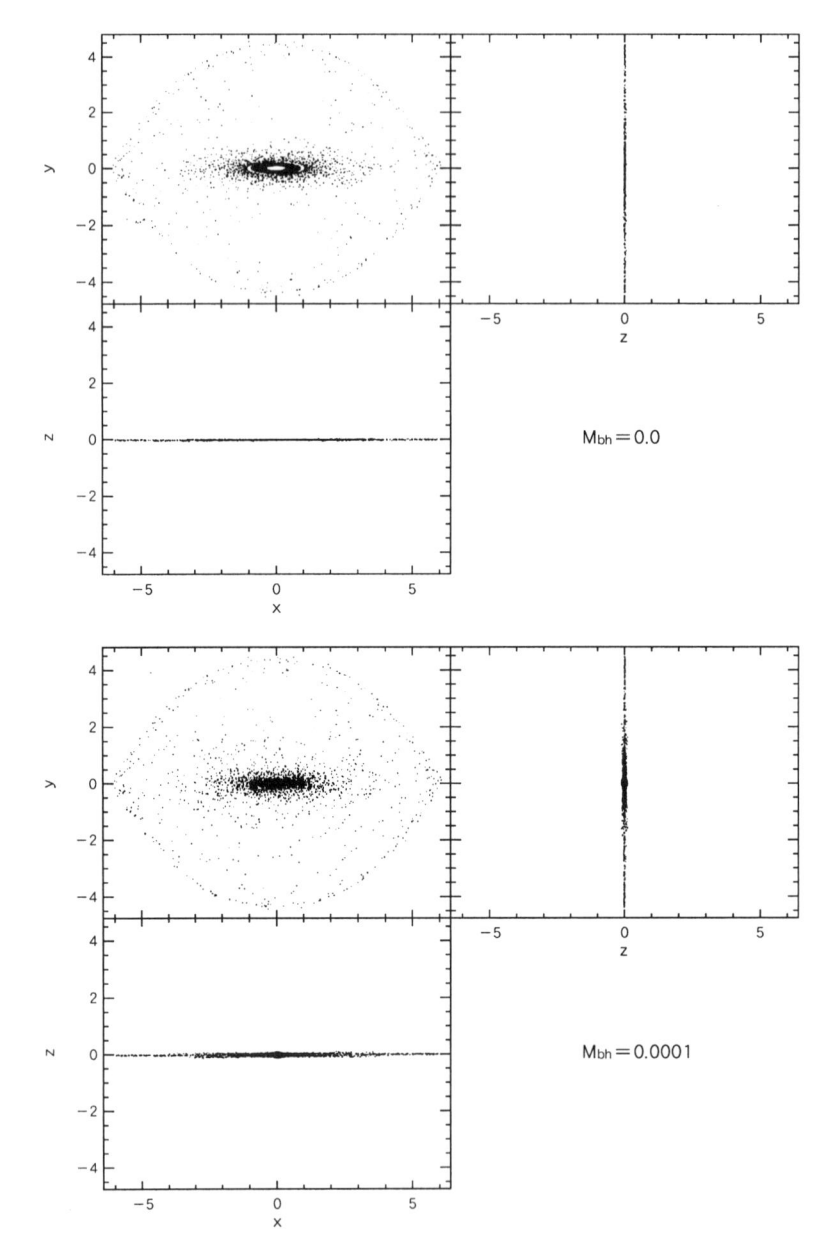

図4.36 銀河中心核による重力散乱で棒状構造が壊れて、バルジになっていくコンピュータ・シミュレーション。ブラックホールの銀河円盤に対する相対的な質量 (M_{bh}) が大きいほど、棒状構造が壊れているのがわかる。

$M_{bh} = 0.0$

$M_{bh} = 0.0001$

$M_{bh} = 0.001$

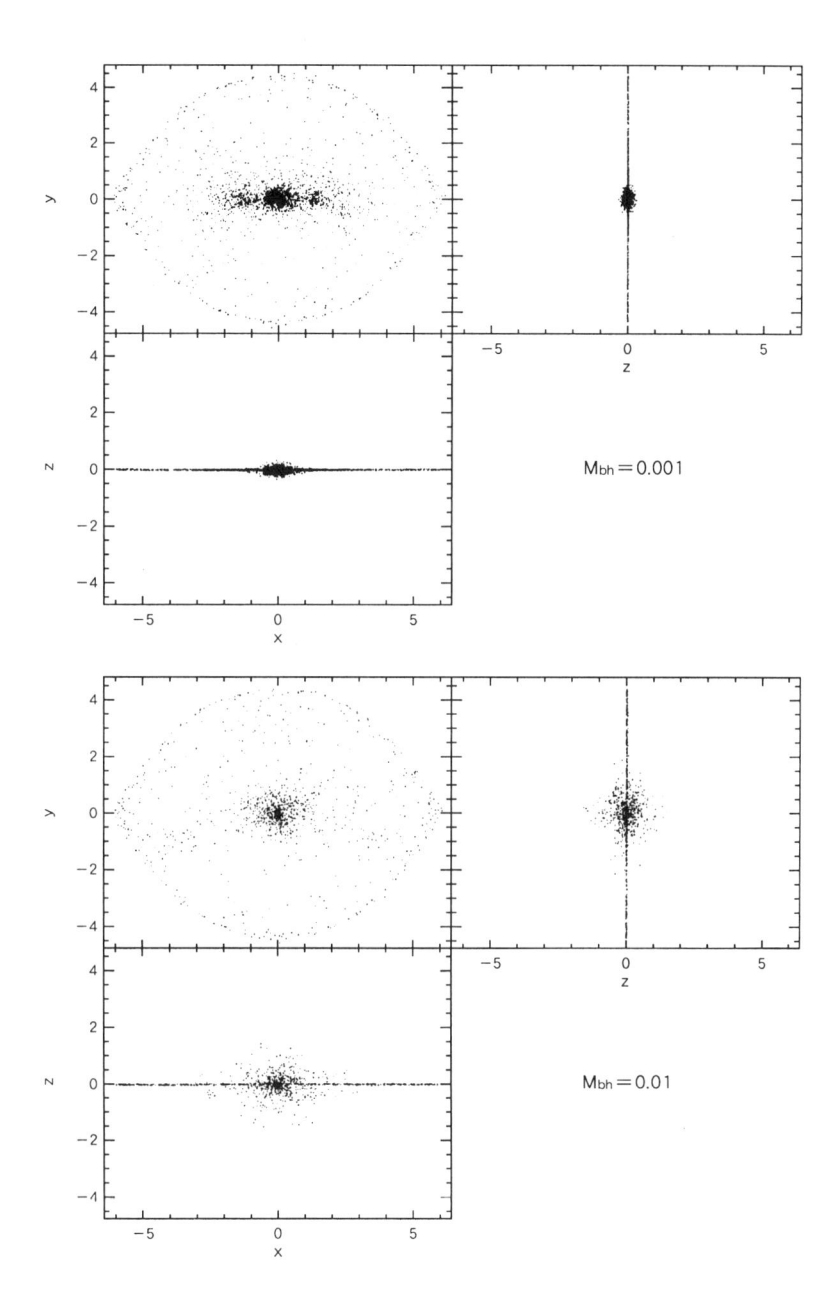

$M_{bh} = 0.01$

第4章 銀河——美しき誤解、ふたたび

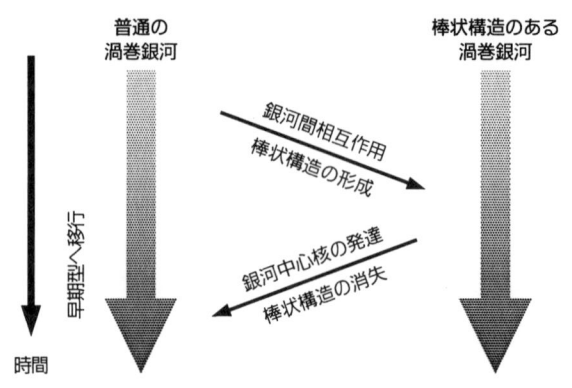

```
    普通の              棒状構造のある
    渦巻銀河             渦巻銀河
      │                    │
      │    銀河間相互作用      │
      │    棒状構造の形成      │
    早│ ──────────→         │
    期│                    │
    型│                    │
    へ│   銀河中心核の発達     │
    移│   棒状構造の消失      │
    行│ ←──────────         │
      ↓                    ↓
    時間
```

図4.37　ダイナミックに形態変化していく円盤銀河の進化の概念図

構造は時間の経過と共に形態変化していくことになります（図4.37）。

　私たちは、銀河のことをどのくらい正しく理解しているのでしょうか？　だんだん自信がなくなってきそうですか？　いやいや、そんなことはありません。私たちは多くの観測事実から銀河について学んだのです。「銀河は育つ」ことを。

　そして、「銀河は一人で育ってきたのではない」ことも学びました。銀河はその銀河のまわりにあるすべてと相互作用しながら育ってきたのです。私たち人間もそうであるように。

　銀河は「重力」をたよりにして、素直に育ってきているように思えます。銀河を理解できないとすれば、それはきっと私たちの知恵がまだ銀河のレベルに達していないだけのことのような気がします。

　21世紀に入り、宇宙の観測はどんどん進んできています。まだまだ未熟な私たちですが、銀河の真の姿、真の気持ちを理解できる日は、そう遠くないかもしれません。

あとがき

　もう4、5年も前のことでしょうか。「たまごっち」というゲームが大流行しました。大きさ数センチの卵形をしたゲーム機でした。我が家でも早速購入し、1カ月ほどは楽しみました。いわゆる子育てゲームです。電源を入れると卵がかえり、かわいい小鳥が生まれます。小鳥はまさに赤ちゃんで、この赤ちゃん鳥をいかにうまく育てるか。それがゲームになっているのです。ご飯をあげなければ、赤ちゃん鳥は当然のように弱り、私たちはイソイソとご飯をあげます。もちろん、赤ちゃん鳥はウンコもするので、きれいにしてあげなければ、ぐれていきます。

　結構大変なゲームです。面白いといえば面白いですが、それなりに現代的なシュールなゲームともいえます。なぜなら、私たちの人生はやり直しができませんが、このゲームでやり直しは何回でもできるからです。こういうゲームで育ってしまった人間に、果たして人間を教育できる資質が備わるのだろうか？　振り返って見れば、いろいろな問題を提起してくれるゲームでした。

　私はこのゲームを見て、少しだけ遊び心が芽生えました。ひょっとしたら、「銀河ッチ」というゲームができないだろうかと思ったからです。ゲームの電源を入れると、ガスの雲がふわっとでてきます。生まれたての銀河雲です。私たちはこの銀河を育てるのです。

「ねえ、私の銀河ッチてば、最近元気がないのよね」
「あら、大変じゃない。だめよ、チャント育てなきゃ」
「うん。でも、どうしていいか、わかんないんだもん」
「渦巻はまだあるの?」
「うん。かろうじてね。ほら」
「私、チョット聞いたんだけど、どうも衛星銀河を1個、落としてあげればいいみたいよ。1週間ぐらいはきれいな渦巻が出るようになるんだって」

「エエーッ！ マジー!? じゃ、やってみる」
こんなとんでもない会話が聞こえてきそうです。

　私はこんな銀河ッチを作ったら、面白いだろうなと思ったのです。でも、やめました。もし、この銀河ッチゲームを作ることにしたら、少なくとも2、3年は研究をやめて、ゲーム作りに専念しなければならいだろうな、と思ったからです。銀河を育てるゲームを作るためには、銀河のすべてを知っている必要があります。そして、何が銀河の運命を決めるかを、冷静に見極める必要もあります。そんな銀河の達人になれるはずもありません。そして、ゲームを楽しくするノウハウもきわめる必要があります。私の能力では、絶対にできないことです。

　でも、まだ未練は残っています。銀河ッチを作れるような「銀河の達人」になりたい。そう願っているからです。これは、ある意味では、天文学者の見果てぬ夢の一つです。

　まだまだ、力不足です。しかし、その夢を少しだけ実現するためにこの本を書きました。あと何冊本を書けば、銀河ッチができるのでしょうか？　皆さんの中で、もし良いアイデアがあれば、ぜひ教えてください。みんなの力を合わせて、少しでも楽しい"銀河ッチ"を作りましょう。ご協力をお願いして、あとがきとさせていただきます。

　最後になりましたが、研究を一緒に進めてきた同僚や大学院生に感謝したいと思います。特に村山　卓、塩谷泰広両博士に深く感謝いたします。また地人書館の永山幸男氏には本書の出版に関して多大なる便宜を図っていただくと共に、多くの貴重なご助言をいただきました。ここに深く感謝させていただきます。

　なお、私の力の至らなさで誤った記述などがあるかも知れません。読者の皆様の御叱正などをいただければ幸いです。

銀河ッチを作る会（会員1名）

会長　谷口義明

補　遺

補遺1　星に関する基礎知識

銀河は星の大集団です。ですから、銀河のお話をするときに欠かせないのが星に関する基礎知識です。ここでは星に関する情報を簡単にまとめておきます。

(1) 星の質量

星や銀河の質量は、一般に太陽の質量を単位として表します。太陽の質量は2×10^{30} kgで、これを $1\,M_\odot$と書きます。自ら核融合を起こして輝いている星（恒星）の質量には下限があって、それは $0.08\,M_\odot$程度です。ちなみに、木星の質量は太陽の1/1000です。また、恒星の質量の上限は $100\,M_\odot$程度と考えられています。この上限は、ガス球が安定して存在できるかどうかで決まってきます。このような大質量の星は、もしできたとしてもその強烈な放射圧で外層にあるガスを吹き飛ばし、どんどん質量の軽い星になっていきます。

(2) 星の光度

星や銀河の光度は、一般に太陽の光度を基準にして表します。太陽の光度は3.85×10^{26} W（ワット）で、これを $1\,L_\odot$と書きます。中心で水素が核融合反応を起こし、ヘリウムを合成する際に放出されるエネルギーで輝いている主系列性の星では、質量が大きい星ほど光度が大きいという関係（質量‐光度関係）があり、およそ $L \propto M^{3.45}$という比例関係があります。この関係を使うと、$10\,M_\odot$の星の光度は、およそ $3000\,L_\odot$であることがわかります。

(3) 星のエネルギー源

星はなぜ光っているのでしょうか？　そのエネルギー源は核融合反応です。星はガスでできた球体ですが、その強い重力のおかげで星の中心部では高温・高圧になります（たとえば、太陽の中心温度は1600万度にも達します）。このような条件下では、水素原子核の核融合反応が発生します。

星を構成している主たる元素は水素です。したがって、水素ガスを使って核融合反応を起こすことが基本的なプロセスになります（「水素燃焼」と呼ばれます）。水素燃焼は水素原子核（陽子）4個を融合させてヘリウム（He）原子核を作る反応です（図A.1）。実際には水素原子核の4体衝突はきわめて起こりに

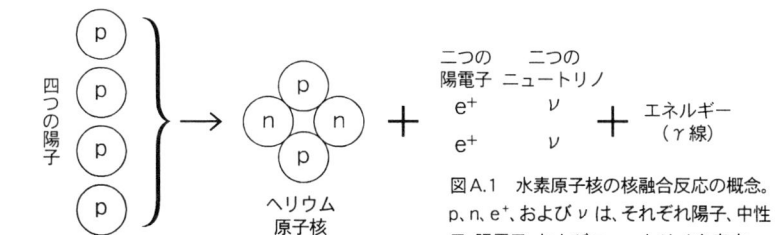

図A.1 水素原子核の核融合反応の概念。p、n、e⁺、および ν は、それぞれ陽子、中性子、陽電子、およびニュートリノを表す。

くいので、2体衝突の積み重ねで核融合反応が起こります（図A.2）。このときに放射されるエネルギーの高いガンマ線が、まわりのガスに吸収されて熱エネルギーに変換されます。このエネルギーの源は、原子核融合に伴う質量欠損です。水素原子核の核融合でできたヘリウム原子核の質量は4個の水素原子核の質量に比べて、0.7%だけ質量が減少しています（質量欠損：Δm で表す）。したがって、質量とエネルギーの等価性から

$$E = \Delta m c^2$$

のエネルギーが放射されることになります。ここで c は光速です。

水素燃焼が安定して起こっている星を「主系列星」と呼んでいます。太陽も主系列星です。太陽の年齢は47億歳です。この間、ずっと主系列星として輝いてきました。そしてこの後、さらに50億年くらいは主系列星でありつづけるのです。

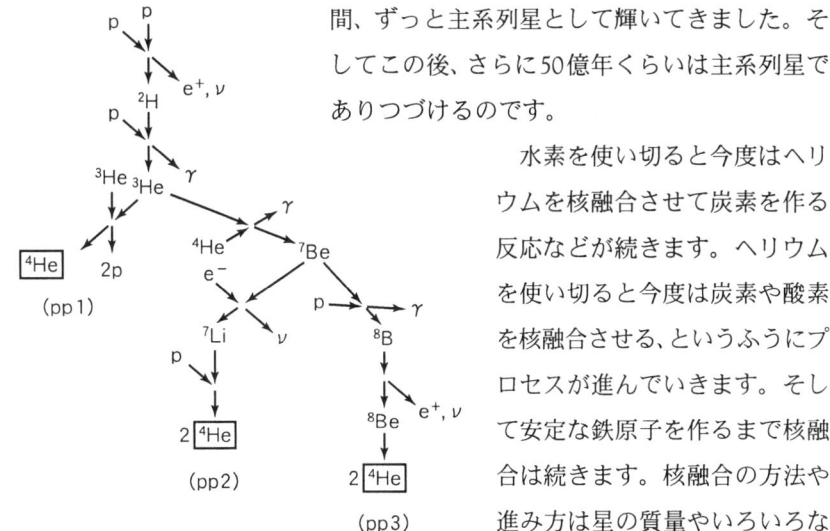

水素を使い切ると今度はヘリウムを核融合させて炭素を作る反応などが続きます。ヘリウムを使い切ると今度は炭素や酸素を核融合させる、というふうにプロセスが進んでいきます。そして安定な鉄原子を作るまで核融合は続きます。核融合の方法や進み方は星の質量やいろいろな元素の量によって異なります。

図A.2 水素原子核の核融合反応の具体的なプロセス。ppチェーンと呼ばれている。

補遺

(4) 星からの熱放射

　星の表面(大気)は、ある一定の温度の熱平衡状態になっています。このようなガスからの放射はいわゆる熱放射で、「黒体放射」と呼ばれています。

　物理学でいう"黒体"とは「外界から孤立した容器の中に存在していて、完全に温度が等しくなっている物質」のことをいいます。天体の場合、星でも、ガスでも、ダストでも外界から完全に孤立しているようなことなどもちろんありません。ですから、熱平衡状態になっていると近似できる天体を黒体だと思ってください。そのような黒体から放射される電磁波を「黒体放射」と呼んでいます。

　黒体放射の性質は黒体の温度だけで決まり、波長依存性はプランク関数と呼ばれるもので記述されます。その顕著な特徴は「放射の強度が最大になる波長(λ_{max})が温度(T)で決まる」ということです。その関係式は

$$\lambda_{max} T = 0.3 \text{cm K}$$

で近似でき、ウイーンの法則と呼ばれています。$T=10000$Kなら0.00003cm

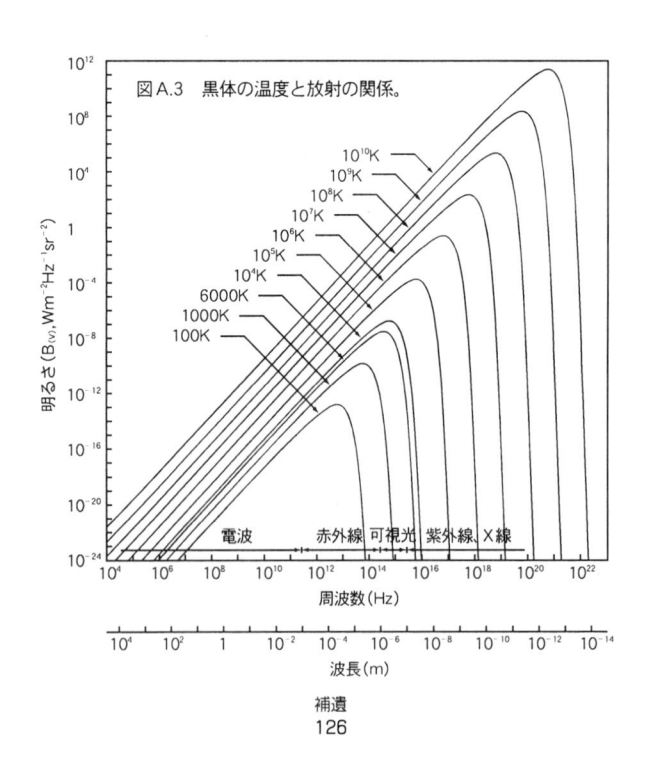

図A.3 黒体の温度と放射の関係。

補遺

（300nm ＝ 3000Å）になるという具合です。つまり、高温の黒体放射ほど波長の短い電磁波の強度が強くなります（図A.3）。

(5) 星のスペクトル型

　星の光を分光すると、さまざまなな吸収線が見られます。この吸収線の見え方で星を分類したのが、スペクトル型です。星のスペクトル型は、おもに恒星の有効温度を反映しています。温度の高い星では水素原子に起因する吸収線が目立ち、温度が低くなるのに連れて重元素に起因する吸収線が、さらに温度が低い星では酸化チタンなどの分子による吸収線が現れてきます。温度が高い方から順に O型、B型、A型、F型、G型、K型、M型というスペクトル型になっています。

　主系列星の温度は星の質量が大きいほど高くなっていて、太陽は有効温度がおよそ6000KのG型星ですが、質量が太陽の2倍のおおいぬ座のα星シリウスは、有効温度がおよそ10000KのA型星です。また、水素ガスを電離できるエネルギーの高い光子は主にO型星やB型星が担っていて、たとえば、オリオン星雲のトラペジウムはB型星です。

(6) 星の寿命

　質量の大きい星は燃料を多く持っていますが、放射するエネルギーも大きいので（質量‐光度関係を思い出してください）、寿命が短くなります。主系列星の寿命は、太陽程度の質量の星でおよそ100億年と考えられていますが、太陽の20倍の質量を持つ星では約1000万年しかありません。逆に、太陽の0.6倍の質量を持つ星の主系列の寿命は約8000億年で、現在の宇宙の年齢（およそ150億年）より50倍も長生きです。

(7) 星の進化とその終末

　主系列星の明るさや有効温度が、恒星の質量によって異なっていたように、中心の水素を使い尽くして、主系列から離れた後の進化も恒星の質量によって異なります。

　太陽程度から太陽の8倍の質量を持つ星は、主系列を離れるとヘリウム核のまわりの球殻で水素の核融合が続き、赤色巨星になります。その後、惑星状星雲の段階を経て白色矮星になります。

太陽の8〜10倍より重い星では、中心の核融合反応は結合エネルギーが最大の鉄を合成するところまで進みます。鉄のコアが収縮して温度が上がると、光分解反応で鉄が分解されはじめます。この反応は吸熱反応なので中心部の圧力が急激に下がって重力崩壊を始めます。中心部の重力崩壊が中性子の縮退圧で止まると、外側から落ちてきた物質は中性子の芯に跳ね返され、その衝撃波によって星全体が吹き飛んでⅡ型超新星になります。その後には中性子星が残りますが、さらに重い核を持った星では重力崩壊が止まらずにブラックホールになると考えられています。

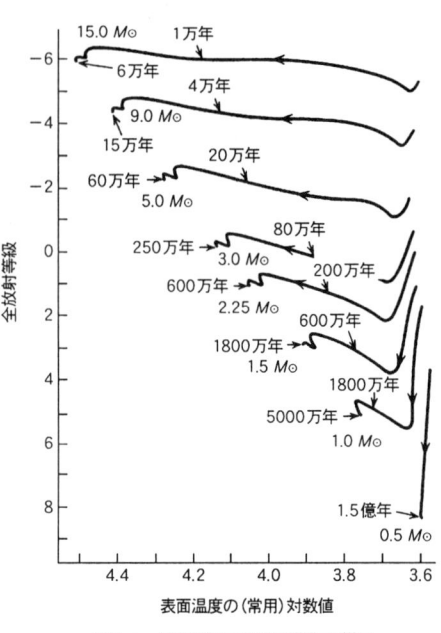

図A.4　HR図上での星の進化の様子。

　このような星の進化を星の光度（あるいは絶対等級）と色との関係図にしたものが図A.4です。この図は提案者の名前をとってヘルツシュプルング‐ラッセル（Hertzsprung-Russel）図と呼ばれています（HR図と略されます）。

　以上、述べてきた性質を表A.1にまとめておきます。

表A.1　星の質量と性質

星の質量 (太陽質量)	明るさ※ (太陽光度)	スペクトル型	主系列の寿命	残骸
1	1	G	100億年	白色矮星
1.5	6	F	25億年	白色矮星
3	50	A	3.5億年	白色矮星
6	200	B	6800万年	白色矮星
15	3300	B	1200万年	中性子星
40	13000	O	440万年	中性子星あるいはブラック・ホール

※Vバンドでの明るさ

補遺2　水素原子の電離と再結合輝線

　水素原子は、陽子と電子から成る原子です。その束縛エネルギーは13.6電子ボルト（eV＝1.6×10⁻¹⁹ J）になります。したがって、この束縛エネルギーを越える電磁波と相互作用すると、水素原子は陽子と電子に分かれてしまうことになります。これを水素原子の「電離」といいます。その逆過程は、陽子と電子がふたたび結びつくことで、水素原子の「再結合」といいます。再結合するためには、電子の持っている余分なエネルギーを逃がしてあげる必要があります。普通はそのエネルギーに相当する電磁波を放射して再結合することになります。

　水素原子には陽子に対して電子がどのような状態で結合しているかを決めるエネルギー準位が定められています。このエネルギー準位は連続的ではなく、量子力学から決まるとびとびの値を持っています（図A.5）。一番エネルギーの低い安定準位（基底状態）を $n=1$ の準位といいます。エネルギーが高くなるにつれて $n=2$、$n=3$ というように上がっていきます。

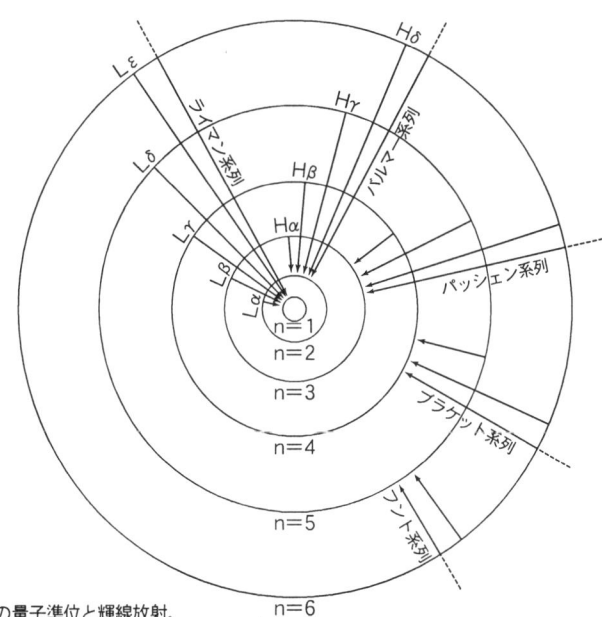

図A.5　水素原子の量子準位と輝線放射。

電子が陽子に再結合するとき$n=1$の準位に再結合するとは限りません。しかし、放っておくと必ず $n=1$ の基底状態に落ち着きます。このとき、遷移する準位間のエネルギーに相当する波長の電磁波を放射し、それを水素原子の再結合線と呼んでいます。$n=1$ に落ち着くときに出る再結合線を「ライマン線」、$n=2$ に落ち着くときに出る再結合線を「バルマー線」と呼びます。

表A.2 主な水素原子再結合輝線

m	Lyman系列 $n=1$		Balmer系列 $n=2$		Paschen系列 $n=3$		Brackett系列 $n=4$		Pfund系列 $n=5$	
2	Lyα	1215.67	−		−		−		−	
3	Lyβ	1025.44	Hα	6562.85	−		−		−	
4	Lyγ	972.27	Hβ	4861.37	Pα	18750.99	−		−	
5	Lyδ	949.48	Hγ	4340.51	Pβ	12818.06	Brα	40511.1	−	
6	Lyε	937.54	Hδ	4101.78	Pγ	10938.08	Brβ	26251.3	Pfα	74577.8
7		930.49	Hε	3970.11	Pδ	10049.36	Brγ	21655.1	Pfβ	46524.8
8		925.97		3889.09	Pε	9545.96	Brδ	19445.4	Pfγ	37395.1
9		922.90		3835.43		9229.00	Brε	18174.0	Pfδ	32960.7
10		920.71		3797.94		9014.90		17362.0	Pfε	30383.5
11		919.10		3770.67		8862.77		16806.4		28721.9
12		917.88		3750.20		8750.46		16407.1		27574.9
13		916.93		3734.41		8665.02		16109.2		26743.8
14		916.18		3721.98		8598.38		15880.4		26119.2
15		915.57		3712.01		8545.37		15700.5		25636.1
16		915.08		3703.90		8502.47		15556.3		25253.8
17		914.67		3697.20		8467.24		15438.8		24945.5
18		914.32		3691.60		8437.94		15341.7		24692.9
19		914.03		3686.87		8413.31		15260.4		24483.1
20		913.79		3682.85		8392.39		15191.7		24306.8
系列端	Lyc	911.50	Bc	3646.85	Pc	8203.56	Brc	14585.1	Pfc	22787.6

注:nは主量子数で、mは励起準位を表す。

補遺3 赤方偏移

運動している天体から放射される電磁波の波長は、それが静止しているときに放射される波長に対して、ドップラー効果によってずれてしまいます。特に、天体が観測者から遠ざかるように運動しているときは、ドップラー効果によって観測する波長は静止しているときの波長に比べて長くなります。つまり色で表現すると、赤い波長にずれることになり、この現象を赤方偏移と呼んでいます。

赤方偏移(z)は電磁波の静止波長 λ と実際に観測される波長 λ_{obs} の関係から

$$z = \frac{\lambda_{\mathrm{obs}} - \lambda_0}{\lambda_0}$$

のように定義されます。一方、ドップラー効果の公式より、天体が速度 v で観測者から遠ざかる場合

$$\lambda_{\mathrm{obs}} = (1 + \frac{v}{c})\lambda_0$$

の関係があります。ここで c 光速です。これらの式を比較してわかるように赤方偏移 z は　天体の遠ざかる速度 v と

$$z = \frac{v}{c}$$

で関係づけられます。

ただし、この関係は、v が c に比べて十分に小さいときだけ成立しています。実際に、z が1を越える天体がたくさん観測されています。しかし、それらの天体が光速を越えて私たちから遠ざかっているわけではありません。v が c に近い値を持つ場合は、天体からやってくる光が宇宙の過去に放射されたことを考慮しなければなりません。ここでは詳しく述べませんが、特殊相対論におけるドップラー効果の公式を採用すると、z と v の関係は

$$z = \sqrt{(1 + \frac{v}{c})/(1 - \frac{v}{c})} - 1$$

で表されます。これを v/c について解くと、

$$\frac{v}{c} = \frac{(z+1)^2 - 1}{(z+1)^2 + 1}$$

が得られます。

この式に、たとえば、$z = 5$ を代入してみると、$v/c = 0.95$ を得ます。つまり、赤方偏移5の天体は光速の95%のスピードで私たちから遠ざかっているということになります。しかし、これを実際にそのスピードで遠ざかっていると考えるのは正しくありません。先にも書いたように、宇宙が膨張しており、天体からやってくる光が宇宙の過去に放射されたことに起因しているからです。ですから、「宇宙論的な赤方偏移」という方が誤解を招かない言いかたです。

補遺4　ハッブルの法則

　ある銀河の視線速度(銀河と天の川銀河の間の相対速度) v は、その銀河までの距離 D に比例します。これをハッブルの法則といいます。その比例係数を H_0 (「ハッブル定数」と呼ばれる)とすると

$$v = H_0 D$$

という式で表されます。通常、銀河の視線速度はkm/sを単位として使い、銀河の距離はMpc(メガパーセク、「メガ」は100万倍を意味します)を単位として使います。したがって、ハッブル定数の単位はkm/s/Mpcになります。

　ハッブル定数は宇宙年齢とも関連する重要なパラメータであり、だいたい60から80km/s/Mpcだと考えられています。本書では $H_0 = 75$ km/s/Mpcを採用することにします。

　ハッブル定数の単位をいま一度ご覧ください。kmもMpcも長さの単位なので打ち消しあいます。したがって、ハッブル定数は[時間]$^{-1}$という単位を持っており、ハッブル定数の逆数が時間の単位を持っていることになります。つまり、ハッブル定数の逆数がおおざっぱには"宇宙の年齢"に相当します。$H_0 = 75$ km/s/Mpcを採用すると、宇宙年齢(ハッブル年齢と呼びます)は

$$\begin{aligned}T_{\text{Hubble}} = \frac{1}{H_0} &= 1/[75\times(1000\text{m})\text{s}^{-1}(3\times10^{22}\text{m})^{-1}] \\ &\fallingdotseq 4\times10^{17}\text{ s} \\ &\fallingdotseq 133億年\end{aligned}$$

になります。

　これに光速 c を掛けると、次のように宇宙の大きさの目安(「ハッブル距離」あるいは「ハッブル半径」)が得られます。

$$D_{\text{Hubble}} = T_{\text{Hubble}} \times c \fallingdotseq 1.3\times10^{26}\text{m} \fallingdotseq 4.1\text{ Gpc}(ギガパーセク)$$

　ただし、ハッブル時間もハッブル距離も一つの目安であることに注意してください。実際には、どのような宇宙モデルを採用するか、そしてどのようなパラメータの値をとるか(たとえば、ハッブル定数など)で宇宙の年齢やサイズは変わってきます。

補遺5　宇宙モデルと宇宙年齢

　宇宙の運動を記述する方程式は、一般相対論から導き出される「アインシュタイン方程式」ですが、ここではふれません。この方程式を特徴付けるパラメータは次の5個です。

　① ハッブル定数 H_0（宇宙の膨張率）
　② 減速定数 q_0（宇宙の膨張率の加速度）
　③ 密度パラメータ Ω_0
　④ 曲率パラメータ k_0（空間が平坦か、球面か、あるいは双曲面か）
　⑤ 宇宙項 Λ_0（ラムダ）

ここで添え字の "0" は現在での値を意味します。

　ただし、すべてのパラメータは独立ではなく、$2q_0 = \Omega_0 - \Lambda_0$ という関係式が成立しています。密度パラメータは現在の宇宙の密度と臨界密度との比です。$\Omega_0 > 1$ ならば宇宙はいつか収縮に転じます。$\Omega_0 \leq 1$ ならば、膨張は永遠に続くことになります。宇宙項は、宇宙が静止していると思い込んだアインシュタインが恣意的に導入したパラメータです。しかし、最近では $\Lambda_0 = 0$ ではないと思われています。

　宇宙の運動を考えるとき、「宇宙は一様で等方的である」という宇宙原理を仮定します。これは宇宙のどこに原点をとってもよいし、また座標軸の取る方向も任意の方向でよいことを意味します。ですから、図A.6のように宇宙のどこかに原点Oをとり、そこから距離 a だけ離れた点をPとします。もちろんPはどこにとってもよいので、a は2点OP間のスケールを決める因子（「スケールファクター」と呼びます）だと考えることができます。a は時間の関数になっていて、結局 $a(t)$ の時間変化を調べることが宇宙の運動を調べることになります。

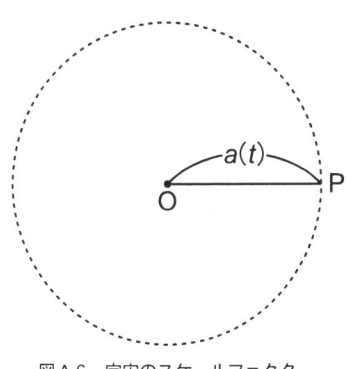

図A.6　宇宙のスケールファクター。

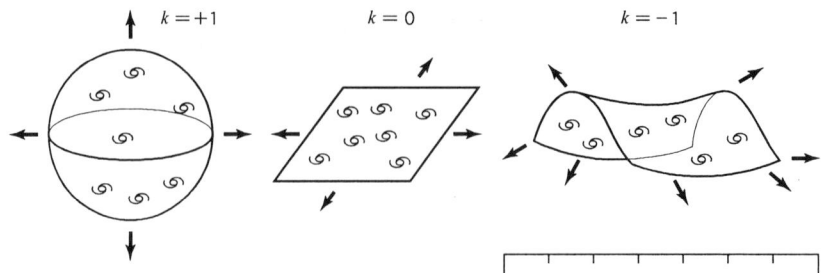

図A.6 宇宙のスケールファクター。$k = +1、0、-1$の モデルはそれぞれ、膨張から収縮に転じる球面状にゆがんだ閉じた宇宙モデル、永遠に膨張する平坦で開いた宇宙モデル、永遠に膨張する馬の鞍型にゆがんだ開いた宇宙モデルに対応している。

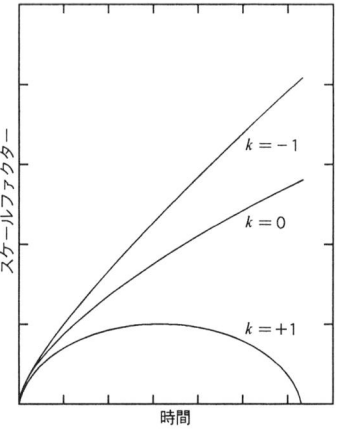

　最もよく知られているのは、フリードマン宇宙モデルです。このモデルでは宇宙項は考えず（すなわち$\varLambda = 0$）、放射と物質のエネルギー密度が重力として働く場合の宇宙になります。宇宙の様子は曲率パラメータで変わり、$k = 0$の場合は平坦な宇宙に相当します。$k > 0$（普通は+1にとります）の場合は閉じたフリードマン宇宙、$k < 0$（普通は-1にとります）の場合は開いたフリードマン宇宙と呼びます。スケールファクターとkの関係、そして宇宙の曲率とkの関係を図A.7に示します。

（1） ミルン宇宙

　ミルン宇宙は物質がなく、宇宙定数も0の場合の宇宙であり、$k < 0$（開いた宇宙）の場合にしか解を持たない宇宙です。$\varLambda_0 \neq 0$のときは、ド・ジッター宇宙と呼びます。

　ここでは以下のパラメータを採用します。

　　ハッブル定数：$H_0 = 75$km/s/Mpc
　　密度パラメータ：$\varOmega_0 = 0$
　　曲率パラメータ：$k_0 = -1$（開いた宇宙）
　　宇宙項：$\varLambda_0 = 0$

このとき、宇宙年齢は赤方偏移 z の関数として

$$T_{\text{universe}}(z) = H_0^{-1}(1+z)^{-1}$$

で表され、したがって現在から宇宙年齢を遡る時間（ルックバックタイム）は

$$T_{\text{lookback}}(z) = H_0^{-1}z(1+z)^{-1}$$

で与えられます。

表A.3　赤方偏移－宇宙年齢－ルックバックタイムの関係（ミルン宇宙の場合）

赤方偏移(z)	規格化した遡る年齢	遡る年齢（億年）	規格化した宇宙年齢	宇宙年齢（億年）
0	0	0	1	133
0.1	0.091	12	0.909	121
0.2	0.167	22	0.833	111
0.3	0.231	31	0.769	103
0.4	0.286	38	0.714	95
0.5	0.333	44	0.667	89
1	0.500	67	0.500	67
2	0.667	89	0.333	44
3	0.750	100	0.250	33
4	0.800	107	0.200	27
5	0.833	111	0.167	22
10	0.909	121	0.091	12
100	0.990	132	0.010	1.3
1000	0.999	133	0.001	133万年

(2)　アインシュタイン‐ド・ジッター宇宙

アインシュタイン‐ド・ジッター宇宙はフリードマン宇宙（宇宙項 $\Lambda_0=0$ で放射と物質のエネルギー密度が重力として働く場合の宇宙）の $k_0=0$ の場合に相当します。$k_0>0$ の場合は閉じたフリードマン宇宙、$k_0<0$ の場合は開いたフリードマン宇宙と呼びます。

ここでは以下のパラメータを採用します。

　　　ハッブル定数：$H_0=75\mathrm{km/s/Mpc}$

　　　密度パラメータ：$\Omega_0=1$、

　　　曲率パラメータ：$k_0=0$、

　　　宇宙項：$\Lambda_0=0$

このとき、宇宙年齢は赤方偏移 z の関数として

$$T_{\text{universe}}(z) = (2/3)H_0^{-1}(1+z)^{-1.5}$$

で表され、したがって現在から宇宙年齢を遡る時間（ルックバックタイム）は

$$T_{\text{lookback}}(z) = (2/3)H_0^{-1}[1-(1+z)^{-1.5}]$$

で与えられます。

表A.4 赤方偏移－宇宙年齢－ルックバックタイムの関係
(アインシュタイン・ド・ジッター宇宙の場合)

赤方偏移(z)	規格化した遡る年齢	遡る年齢(億年)	規格化した宇宙年齢	宇宙年齢(億年)
0	0	0	1	89
0.1	0.133	12	0.867	77
0.2	0.239	21	0.761	67
0.3	0.325	29	0.675	60
0.4	0.396	35	0.604	54
0.5	0.457	41	0.544	48
1	0.646	58	0.354	31
2	0.808	72	0.192	17
3	0.875	78	0.125	11
4	0.911	81	0.089	8.0
5	0.932	83	0.068	6.1
10	0.973	87	0.027	2.4
100	0.999	88.8	0.00099	880万年
1000	0.9999	89	0.000032	28万年

補遺6 天体の等級

ここでは、等級(magnitude)の定義について解説します。

(1) 見かけの等級(m)

こと座のα星(ベガ、織姫星)の見かけの等級を各バンドで0等級とします。ちなみに精確な数字を示すと550nmでの放射強度は

$$3.4\times10^{-9}\text{ erg/cm}^2\text{/s/Å}$$

になります。

これより、1/2.5の明るさが1等級、さらに1/2.5の明るさになると2等級というように定義されます(精確には1/2.512です)。たとえば、Vバンドでの明るさが10等級の場合は$V=10$というように表します。等級は数字が小さい方が明るいので、混乱しがちです。気をつけてください。

(2) 絶対等級(M)

天体を10pcの距離においたときの明るさを絶対等級Mとして定義します。見かけの等級mとは次式で関係づけられます。Dはpc単位で測った天体ま

での距離です。

$$M = m - 5\log\left(\frac{D}{10}\right)$$

この式を

$$m - M = 5\log\left(\frac{D}{10}\right)$$

と変形すると、見かけの等級と絶対等級の差が天体までの距離に一意的に対応します。そのため $m-M$ は距離指数（distance modulus）と呼ばれることがあります。

(3) 等級と光度の関係

見かけの等級は測定された放射強度 f と

$$m = -2.5\log f + \text{定数}$$

という関係で結び付けられます。定数はどのような等級基準をとるかで決まります。これと同様に絶対等級は天体の光度 L と

$$M = -2.5\log L + \text{定数}$$

という関係で結び付けられます。太陽の場合にも

$$M_\odot = -2.5\log L_\odot + \text{定数}$$

という関係があります（$M_\odot$ はここでは太陽の絶対等級です。太陽質量と同じ記号になってしまいましたが、間違えないで下さい）。これら2式を差し引くと

$$M - M_\odot = -2.5\log\left(\frac{L}{L_\odot}\right)$$

となり、これを変形すると

$$\frac{L}{L_\odot} = 10^{-\frac{M - M_\odot}{2.5}}$$

という関係式が得られます。

ちなみに、$M_\odot \approx +5$ 程度です（波長帯によって少しずつ違った値になります）。たとえば、絶対等級が -20 等の銀河があったとすると、上式から

$$\frac{L}{L_\odot} = 10^{10}$$

補遺

となり、太陽光度の100億倍の光度を持つ銀河だということがわかります。

(4) 波長帯（バンド）

表A.5　可視光から赤外域でよく使われる波長帯

波長帯（バンド）	説明[※1]	重心波長（ミクロン）
U (Ultraviolet)	可視光/近紫外	0.36
B (Blue)	可視光/青	0.44
V (Visual)	可視光/可視	0.55
R (Red)	可視光/赤	0.70
I (Infrared)	可視光/赤外	0.90
J	近赤外	1.25
H	近赤外	1.60
K	近赤外	2.20
L	近赤外	3.40
M	中間赤外	5.00
N	中間赤外	10.2
Q	中間赤外	22

※1　UからIまでは可視光で、意味のある帯域（バンド）名が付けられている。しかし、K以降はアルファベット順に名前がつけられている。ちなみに、Iバンドは赤外とあるが、可視光帯の中で最も赤外線に近いという意味。

補遺7　星間ガスによる吸収

　天体から放射された電磁波は、星間ガスを通過するときにダストによる散乱や吸収のために、一般に減光を受けます。このことを「星間吸収」(interstellar reddeningあるいはinterstellar extinction)といいます。ここで、reddening（赤化）という言葉を使うのは、青い光（波長の短い光）の方が余計に吸収を受け、星間吸収の影響で色が赤くなるからです。たとえばレーリー(Rayleigh)散乱の場合（ダストのサイズが光の波長に対して十分小さい場合の散乱）は、散乱断面積は波長の-4乗に比例するので、波長の短い光の方が余計に散乱されます。

　星間吸収の程度は等級で表現されます。吸収を受けていない天体からの放射強度(f_0)と吸収を受けたときの天体からの放射強度(f)に対応する天体の等級をm_0およびmとすると、吸収量Aは波長λの関数として

$$A(\lambda) = m - m_0 = -2.5[\log f(\lambda) - \log f_0(\lambda)]$$

として表されます。

　星間物質による吸収は光学的な厚さ$\tau(\lambda)$を導入すると

$$f(\lambda) = f_0(\lambda) e^{-\tau(\lambda)}$$

と表されます。これから

$$A(\lambda) = 1.0857\tau(\lambda)$$

という関係が得られます。光学的な厚さ $\tau(\lambda)$ は星間ガスによる吸収量を視線に沿って積分したものに相当します。

　星間吸収の量は可視光のVバンド（重心波長550nm）で表すのが一般的です。ダストが水素原子ガスとよく混ざって存在し、ダストと水素原子ガスの質量比が1：100程度の標準的な星間ガスの場合、$A(V) = 1$等級に相当する水素原子ガスの柱密度は約 $1.5\times10^{21}/cm^2$ です。

　たとえば、$10^9 M_\odot$ の質量の水素原子ガスが、半径10kpc、厚さ100pcの円盤に一様に分布しているとします。もしこのガス円盤を真横から円盤の中心を通る方向から見た場合どのくらいの星間吸収を受けるのでしょうか？

　ガス円盤の体積 V は

$$V = \pi(10\mathrm{kpc})^2 \times 100\mathrm{pc} \fallingdotseq 8.5\times10^{65}\mathrm{cm}^3$$

です。一方、水素原子の個数 $N(H)$ は

$$N(H) = 10^9 M_\odot / [1.67\times10^{-24}\mathrm{g}] \fallingdotseq 1.2\times10^{66} 個$$

になります。したがって、水素原子の平均個数密度は

$$n(H) = N(H)/V \fallingdotseq 1.4/\mathrm{cm}^3$$

になります。このガス円盤を真横から円盤の中心を通る方向から見ると水素原子の柱密度は

$$n(H)\times 2\times 10\mathrm{kpc} \fallingdotseq 8.4\times10^{22}/\mathrm{cm}^2$$

になります。$A(V) = 1$等級に相当する水素原子ガスの柱密度は $1.5\times10^{21}/cm^2$ でしたから、これで割り算をするとなんと $A(V) = 56$ 等級という答えが出てきます。銀河円盤の向こう側に明るい銀河があっても、これでは絶対に見えません。このように、星間吸収というのは天体の等級や見え方に大きな影響を与えます。

補遺8　潮汐力による銀河形態の変形

　ここでは、銀河間相互作用のときに生じる潮汐力による銀河の形態の変形について解説します。

　いま、銀河1と銀河2が相互作用しているとします。銀河1と銀河2の中心を結ぶ線上で、半径 r のところにある銀河1の2点、AとBに銀河2から及ぼされる重力を F_A および F_B とします。また銀河1の中心Oに及ぼされる重力を F_O とします。銀河2の質量を M、重力定数を G とすると、

$$F_A = \frac{GM}{(R-r)^2} \quad F_B = \frac{GM}{(R+r)^2} \quad F_O = \frac{GM}{R^2}$$

となります。いま、$r \ll R$ とすると $(R \mp r)^2 = R^2(1 \mp r/R)^2 \simeq R^2(\mp 2r/R)$ の関係を使うと、

$$F_A - F_O = \frac{2GMr}{R^3} \quad F_B - F_O = -\frac{2GMr}{R^3}$$

となり、銀河2に向かう方と、その反対側の方向に潮汐力が働くことがわかります。これが潮汐相互作用で2本の尾のような構造ができる原因です。

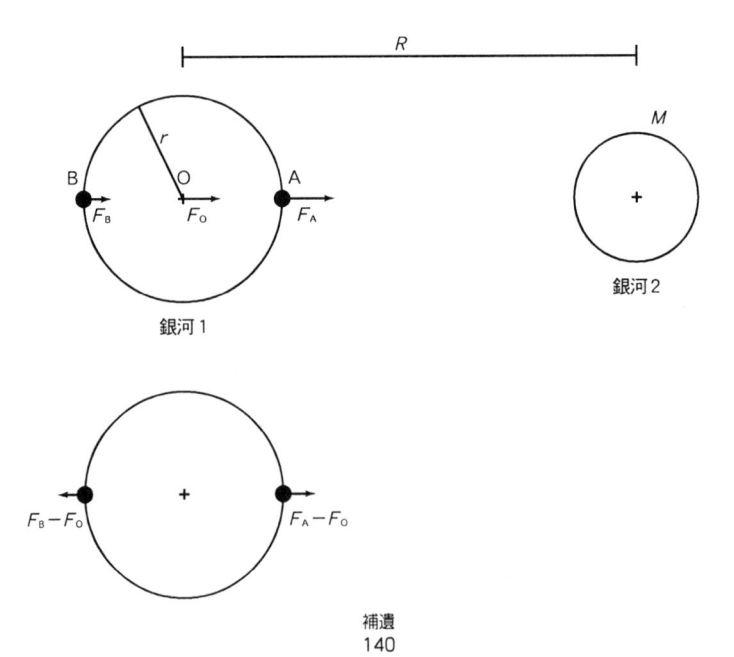

図・表の出典

第1章

p.3 図1.1　いろいろな銀河　The Digitized Sky Survey (Astronomical Society of the Pacific, Dept. 10X, 390 Ashton Avenue, San Francisco, CA 94112-1787, USA)
p.6 図1.3　天の川銀河　川野伴睦
p.9 図1.4　ハッブル分類　Hubble,E. 1936, *The Realm of Nebulae*
p.10 図1.5　NGC5102　The Digitized Sky Survey (Astronomical Society of the Pacific, Dept. 10X, 390 Ashton Avenue, San Francisco, CA 94112-1787, USA)
p.12 図1.6　バルジと円盤の光度比とハッブルタイプとの相関　Kodaira,K., Okamura,S. & Watanabe,M. 1986, *The Astrophysical Journal, Supplement*, **62**, 703 (The University of Chicago Press). Reproduced by permission of the American Astronomical Society
p.13 図1.7　NGC4762　The Digitized Sky Survey (Astronomical Society of the Pacific, Dept. 10X, 390 Ashton Avenue, San Francisco, CA 94112-1787, USA)
p.14 図1.8　ファン・デン・バーグによる銀河分類　Van den Bergh,S. 1972, *The Astrophysical Journal*, **206**, 883 (The University of Chicago Press). Reproduced by permission of the American Astronomical Society
p.17 図1.9　ド・ボークルールによる銀河分類　De Vaucouleurs,G. 1959, *Handbuch der Physik*, **53**, 275 (Berlin, Springer-Verlag)
p.19 図1.10　エルメグリーンらによるアーム・クラスとハッブルタイプとの相関　Elmgreen, D.M. & Elmgreen,B.G. 1982, *Monthly Notices of Royal Astronomical Society*, **201**, 1021 (Blackwell)

第2章

p.22 図2.1　巨大分子ガス雲の分布　Mizuno,A., et al. 1995, *The Astrophysical Journal*, **445**, L161 (The University of Chicago Press). Reproduced by permission of the American Astronomical Society
p.23 図2.2　左：分子ガス雲の重力不安定の模式図　観山正見,1987,『「銀河中心核の活動性と銀河相互作用」研究会集録』(谷口義明、野口正史編)、右：分子ガス雲の重力不安定のシミュレーション　Miyama, S., et al. 1987, *Progress of Theoretical Physics*, **78**, 1135
p.26 図2.4　ガスと星の輪廻　小暮智一『星間物理学』p.4, 図1.2 (ごとう書房、1994)
p.27 図2.5　球状星団M15　NASA and The Hubble Heritage Team (STScI/AURA)
p.27 図2.6　散開星団M45 (すばる)　伴良彦
p.28 図2.7　オリオン大星雲M42　皿池章秀
p.28 図2.8　電離ガス星雲 30 Dor (NGC2070、タランチュラ星雲)　Gibson,S. (Department

of Physics and Astronomy, University of Calgary)

p.29 図2.9 渦巻銀河M33　Space Telescope Science Institute

p.31 図2.10 スターバースト銀河NGC7714　Arp,H.C., *Atlas of Peculiar Galaxies* (California Institute of Technology, 1967)

p.32 図2.11 スターバースト銀河M82　Subaru Telescope, National Astronomical Observatory of Japan

p.35 図2.12 おとめ座銀河団の一部　加藤正広

p.36 図2.13 青い銀河の割合　Butcher,H. & Oemler,A.Jr. 1984, *The Astrophysical Journal*, 285, 426 (The University of Chicago Press). Reproduced by permission of the American Astronomical Society

p.36 図2.14 ハッブル宇宙望遠鏡　Space Telescope Science Institute

p.36 図2.15 岡山天体物理観測所　文部省国立天文台岡山天体物理観測所

p.38 図2.16 銀河団CL09039+4713にある銀河　Dressler,A., et al. 1994, *The Astrophysical Journal*, 435, L23 (The University of Chicago Press). Reproduced by permission of the American Astronomical Society

p.39 図2.17 銀河団CL09039+4713にある銀河の色‐等級関係　Dressler,A., et al. 1994, *The Astrophysical Journal*, 435, L23 (The University of Chicago Press). Reproduced by permission of the American Astronomical Society

p.40 図2.18 銀河団メンバーとフィールド銀河の色・形態による分類　Dressler, A., et al. 1994, *The Astrophysical Journal*, 430, 107 (The University of Chicago Press). Reproduced by permission of the American Astronomical Society

p.45 図2.20 LBGのスペクトル　Steidel,C.C., et al. 1996, *The Astrophysical Journal*, 462, L17 (The University of Chicago Press). Reproduced by permission of the American Astronomical Society

p.46 図2.21 ハッブル・ディープ・フィールド(HDF)　Space Telescope Science Institute

p.47 図2.22 HDFで見つかった若い銀河　Space Telescope Science Institute

p.47 図2.23 HDFで見つかったJドロップアウトの例　Dickinson, M., et al. 2000, *The Astrophysical Journal*, 531, 624 (The University of Chicago Press). Reproduced by permission of the American Astronomical Society

p.48 図2.24 すばる望遠鏡　Subaru Telescope, National Astronomical Observatory of Japan

第3章

p.52 図3.2 PAH分子の例　Puget,J.L. & Leger,A. 1989, *Annual Review of Astronomy and Astrophysics*, 27, 161. With permission, from the *Annual Review of Astronomy and Astrophysics*, Volume 27 © 1989 by Annual Reviews www.AnnualReviews.org

p.54 図3.3 赤外線およびHαによるアンドロメダ銀河　Devereux,N.A., et al. 1994, *The Astronomical Journal*, 108, 1667 (The University of Chicago Press). Reproduced by permission of the American Astronomical Society

p.56 図3.5 S字暗黒星雲　小池直樹

p.56 図3.6 ばら星雲　小杉淳

p.57 図3.7 イーグル星雲　Space Telescope Science Institute

p.61 図3.9 ウルトラ赤外線銀河　Surace,J.A., et al. 1998, *The Astrophysical Journal*, 492, 116 (The University of Chicago Press). Reproduced by permission of the American

		Astronomical Society
p.66	図3.12	IRAS F10214+4724　Eisenhardt,P.R., et al. 1996, *The Astrophysical Journal*, **461**, 72 (The University of Chicago Press). Reproduced by permission of the American Astronomical Society
p.67	図3.14	銀河団 Abell 2218　Space Telescope Science Institute
p.68	図3.15	アリアンロケット　European Space Agency
p.69	図3.16	ロックマンホールの遠赤外線源　Matsuhara, H., et al. 1998, *Astronomy and Astrophysics*, **328**, L9 (EDP Sciences)
p.70	図3.18	ジェイムズ・クラーク・マックスウェル電波望遠鏡（JCMT）　James Clerk Maxwell Telescope
p.70	図3.19	JCMTに搭載されているSCUBA　James Clerk Maxwell Telescope
p.71	図3.20	ダストに隠された若い銀河の例　Barger, A., et al. 1998, *Nature*, **394**, 248. Reprinted by permission from *Nature* © 1998 Macmillan Publishers Ltd.
p.71	図3.21	HDFに潜むダストに隠された若い銀河の例　Hughes,D.H., et al. 1998, *Nature*, **394**, 241. Reprinted by permission from *Nature* © 1998 Macmillan Publishers Ltd.
p.72	図3.22	星生成の歴史　Hughes, D. H., et al. 1998, *Nature*, **394**, 241. Reprinted by permission from *Nature* © 1998 Macmillan Publishers Ltd.
p.75	図3.24	COBEによるマイクロ波背景放射のゆらぎ　NASA/GSFC, COBE Science Working Group, NSSDC
p.78	図3.26	ライマンαブロッブ　Steidel,C.C., et al. 2000, *The Astrophysical Journal*, **532**, 170 (The University of Chicago Press). Reproduced by permission of the American Astronomical Society

第4章

p.83	図4.1	楕円銀河NGC3379とその表面輝度分布　木曾シュミットアトラス編集委員会編『理科年表読本 Kisoシュミットアトラス』p.84,図3.44(丸善、1994年)
p.83	図4.2	楕円銀河の表面輝度分布　Kormendy,J. 1977, *The Astrophysical Journal*, **217**, 406 (The University of Chicago Press). Reproduced by permission of the American Astronomical Society.
p.84	図4.3	円盤銀河NGC4594とその表面輝度分布　『理科年表読本 Kisoシュミットアトラス』p.84,図3.45(丸善、1994年)
p.86	図4.5	ウルトラ赤外線銀河アープ220の表面輝度分布　Wright, G. S., et al. 1985, *Nature*, **344**, 417. Reprinted by permission from *Nature* © 1985 Macmillan Publishers Ltd.
p.87	図4.6	円盤銀河合体のコンピュータ・シミュレーション　Barnes, J. E. 1992, *The Astrophysical Journal*, **393**, 484 (The University of Chicago Press). Reproduced by permission of the American Astronomical Society
p.87	図4.7	円盤銀河合体のコンピュータ・シミュレーションによる表面輝度分布　Barnes, J. E. 1996, *The Astrophysical Journal*, **393**, 484 (The University of Chicago Press). Reproduced by permission of the American Astronomical Society.
p.88	図4.8	6個の円盤銀河合体のコンピュータ・シミュレーション　Weil,M.L. & Hernquist, L. 1996, *The Astrophysical Journal*, **460**, 101 (The University of Chicago Press). Reproduced by permission of the American Astronomical Society

p.90 図4.9	代表的な合体銀河	Joseph,R., et al. 1985, *Monthly Notices of Royal Astronomical Society*, **214**, 87 (Blackwell)
p.92 図4.10	2個の円盤銀河の合体	Noguchi,M. 1991, *Monthly Notices of Royal Astronomical Society*, **251**, 360 (Blackwell)
p.94 図4.11	箱型楕円銀河と円盤型楕円銀河	Bender, R., et al. 1988, *Astronomy and Astrophysics, Supplement*, **74**, 385 (EDP Sciences)
p.95 図4.12	非等方性パラメータと$a4$パラメータとの関係	Bender,R. 1988, *Astronomy and Astrophysics*, **193**, L7 (EDP Sciences)
p.96 図4.13	ハッブル分類の修正版	Kormendy,J. & Bender,R. 1996, *The Astrophysical Journal*, **464**, L119 (The University of Chicago Press). Reproduced by permission of the American Astronomical Society
p.99 図4.16	銀河団MS1054+03で発見された銀河合体	Space Telescope Science Institute
p.100 図4.17	銀河形態進化の様子	Space Telescope Science Institute
p.101 図4.18	ステファンの五つ子	Arp,H.C., *Atlas of Peculiar Galaxies* (California Institute of Technology, 1967)
p.102 図4.20	ヒクソン博士の見つけた銀河群	Arp,H.C., *Atlas of Peculiar Galaxies* (California Institute of Technology, 1967)
p.102 図4.21	かみのけ座銀河団の中心部	The Digitized Sky Survey (Astronomical Society of the Pacific, Dept. 10X, 390 Ashton Avenue, San Francisco, CA 94112-1787, USA)
p.103 図4.22	銀河団のルッド‐サストリー分類	Rood,H.J. & Sastry,G.N. 1971, *Publication of Astronomical Society of Pacific*, **83**, 313
p.104 図4.23	ゲラー博士による宇宙地図	Geller, M. J., et al. 1987, *IAU Symp.* **124**, 301. With the kind permission of The Astronomical Sciety of the Pacific.
p.105 図4.24	ラス・カンパナス天文台のサーベイによる宇宙地図	Shectman,S.A., et al. 1996, *The Astrophysical Journal*, **470**, 172 (The University of Chicago Press). Reproduced by permission of the American Astronomical Society
p.106 図4.25	重力によるダークマターの構造形成	Frenk,C., et al. 1988, *The Astrophysical Journal*, **327**, 507 (The University of Chicago Press). Reproduced by permission of the American Astronomical Society
p.107 図4.26	重力によるダークマターの構造形成	Kauffmann,G., et al. 1999, *Monthly Notices of Royal Astronomical Society*, **303**, 188 (Blackwell)
p.109 図4.27	矮小銀河の例	Ferguson, H. C. & Bingelli, B. 1994, *Astronomy and Astrophysics, Review*, **6**, 67 (EDP Sciences)
p.110 図4.28	銀河の光度関数	Bingelli, B., et al. 1988, *Annual Review of Astronomy and Astrophysics*, **26**, 509. With permission, from the *Annual Review of Astronomy and Astrophysics*, Volume 26 © 1988 by Annual Reviews www.AnnualReviews.org
p.111 図4.29	銀河の形態-密度関係	Dressler,A. 1980, *The Astrophysical Journal*, **236**, 351 (The University of Chicago Press). Reproduced by permission of the American Astronomical Society
p.112 図4.30	合体銀河NGC7252の潮汐腕で生まれつつある矮小銀河	Schweizer, F. 1982, *The Astrophysical Journal*, **252**, 455 115 (The University of Chicago Press). Reproduced by permission of the American Astronomical Society

p.112 図4.31 銀河合体による矮小銀河形成のコンピュータ・シミュレーション　Barnes, J. E. & Hernquist, L. 1992, *Nature*, **360**, 715. Reprinted by permission from *Nature* © 1992 Macmillan Publishers Ltd.
p.113 図4.32 大マゼラン雲　遠藤秀
p.114 図4.33 衛星銀河を円盤銀河に合体させるシミュレーション　Mihos,C.J. & Hernquist, L. 1994, *The Astrophysical Journal*, **425**, L13 (The University of Chicago Press) Reproduced by permission of the American Astronomical Society
p.116 図4.34 上：衛星銀河合体のシミュレーション　Quinn,P.J. & Goodman,J. 1986, *The Astrophysical Journal*, **309**, 472 (The University of Chicago Press). Reproduced by permission of the American Astronomical Society. 下：NGC7479　The Digitized Sky Survey (Astronomical Society of the Pacific, Dept. 10X, 390 Ashton Avenue, San Francisco, CA 94112-1787, USA)
p.117 図4.35 銀河の相互作用で棒状構造が形成される様子　Noguchi, M. 1988, *Astronomy and Astrophysics*, **203**, 259 (EDP Sciences)
p.118 図4.36 棒状構造からバルジへのコンピュータ・シミュレーション　Pfenniger, D. & Norman,C. 1990, *The Astrophysical Journal*, **363**, 391 (The University of Chicago Press). Reproduced by permission of the American Astronomical Society.
p.98 表4.3 HDFの銀河の形態分類カタログの一部　Van den Bergh,S., et al. 1996, *The Astronomical Journal*, **112**, 359 (The University of Chicago Press). Reproduced by permission of the American Astronomical Society

補遺

p.126 図A.3 黒体放射　Zombeck,M.V., *Handbook of Space Astronomy & Astrophysics* (Cambridge University Press, 1990) p.269
p.130 表A.2 水素原子の再結合線　小暮智一『星間物理学』p.58、表3.1(ごとう書房、1994年)

コラム

p.15 コラム3 銀河の回転曲線『理科年表2001』(丸善)

索 引

【あ行】

アープ　H. C. Arp　97
アーム・クラス　arm class　18, 19
アイソフォト　isophote　95
アインシュタイン‐ド・ジッター宇宙
　　Einstein-de Sitter universe　106, 135
アインシュタイン方程式
　　Einstein equation　133
天の川銀河　Galaxy
　　3-6, 27, 28, 60, 113, 114
有本信雄　Nobuo Arimoto　77
泡状構造　bubbly structure　104, 105
暗黒星雲　dark nebula　50, 55
アンドロメダ銀河
　　Andromeda galaxy　54, 60
アンドロメダ星雲　Andromeda Nebula　4, 5
イーグル星雲　Eagle Nebula　56, 57
一酸化炭素分子
　　carbon monoxide molecule　22
ウイードマン　D. W. Weedman　31
ウィーンの法則　Wien's law　126
渦巻　spiral　9, 16, 17
　　——腕　spiral arm　13
　　——銀河　spiral galaxy　2, 4, 39
　　——構造　spiral structure　9
宇宙原理　cosmological principle　106, 133
宇宙項　cosmological constant　133-135
宇宙地図　cosmic map　104, 105
宇宙年齢　cosmic age, cosmic time
　　10, 34, 100, 133
宇宙の曲率　curvature of universe　134
宇宙の大規模構造
　　cosmic large-scale structure　104, 105
宇宙の晴れ上がり
　　cosmic recombination　74, 75

宇宙背景放射探査衛星（COBE）
　　Cosmic Background Explorer　74
宇宙膨張　expansion of universe　45
宇宙マイクロ波背景放射　cosmic
　　microwave background radiation　74
宇宙モデル　cosmological model　133
宇宙論的な赤方偏移
　　cosmological redshift　131
腕　arm　91
ウルトラ赤外線銀河
　　Ultraluminous Infrared Galaxies
　　57, 59-62, 64, 86, 90, 101
衛星銀河　satellite galaxy　113-115
　　——の合体
　　merger of satellite galaxy　116
エムラー　A. Oemler　35
エルメグリーン　D. M. Elmegreen　17, 19
遠赤外線　far-infrared　52
円盤　disc　12, 83, 84
　　——の表面輝度分布　84
円盤型楕円銀河
　　disky elliptical galaxy　94-96
円盤銀河　disc galaxy
　　7, 8, 10, 12, 14, 33, 83, 111
　　——の構造　structure of disc galaxy　85
　　——の多様性　variety of disc galaxy　16
大きなダスト　large dust grain　51
おとめ座銀河団　Virgo Cluster
　　34, 35, 101
オリオン大星雲　Orion Nebula　28, 29

【か行】

階層構造的集団化
　　hierarchical clustering　107
回転楕円体　spheroid　84

カウイ　L. L. Cowie　42, 43, 70
カウフマン　M. Kaufman　58
核融合　24, 75, 124
かじき座30番星　30 Dradus
　→　30ドラドス星団
ガス星雲　gaseous nebula　3, 23
合体銀河　merger　91-94, 97, 98, 111
活動銀河核　active galactic nucleus　44
かみのけ座銀河団　Coma Cluster　102
球状星団　globular cluster
　3, 27, 28, 73, 85
曲率パラメータ
　curvature parameter　133-135
巨大電離ガス領域
　giant ionized gas region　30
巨大分子ガス雲
　giant molecular cloud　23, 33
距離指数　distance modulus　137
銀河　galaxy　2
　——の回転　galactic rotation　15, 34
　——のカタログ
　catalogue of galaxies　89-91
　——の合体　merging of galaxies　86
　——の輝度分布
　brightness distribution of galaxy　82
　——銀河のハロー部　galactic halo　27
銀河間相互作用
　galaxy interaction　117
銀河群　group of galaxies　101
銀河団　cluster of galaxy
　34, 67, 101, 103, 107
銀河中心核　galactic nucleus　117
銀河風　galactic wind　32, 64, 76, 79
近赤外線　near infrared　52
クェーサー　quasar　43, 44, 64, 65
グロビュール　globule　56
形態‐密度関係
　morphology-density relation　110, 111
ケック天文台　Keck Observatory　68
ケック望遠鏡　Keck Telescope　78
ゲラー　M. Gellar　104
原始銀河
　primeval galaxy (protogalaxy)　68

減速定数　deceleration parameter　133
光度関数　luminosity function　109
光度‐周期関係
　period-luminosity relation　5
光年　light year　11
黒体放射　black body radiation
　51, 126, 127
コペルニクス的転回
　Copernican revolution　3
コルメンディ　J. Kormendy　96

【さ行】
サージェント　W. L. W. Sargent　43
再結合線　recombination line　129, 130
サストリー　G. N. Sastry　102
サブミリ波　submillimeter-wave　52
　——2次元アレイ検出器
　array detector　70
サルピーター　E. E. Salpeter　25, 41
散開星団　open cluster　3, 27, 28
30ドラドス星団　30 Dradus　28, 29
サンダース　D. B. Sanders　63
シェル　shell　104
塩谷泰広　Yasuhiro Shioya　79
自己重力　self gravity　23
視線速度　line-of-sight velocity　132
質量欠損　mass defect　125
質量‐光度関係
　mass-luminosity relation　24, 124
島宇宙　island universe　4
シャープレイ・エイムズ・カタログ
　Shapley-Ames Catalog　97
重元素　heavy element　75
重力不安定性　gravitational instability　23
重力レンズ　gravitational lens　67
　——効果　gravitational lens effect　66
主系列星　main-sequence star　24, 125, 127
シュタイデル　C. C. Steidel　43, 77, 79
小マゼラン雲
　Small Magellanic Cloud (SMC)　113
ジョセフ　R. D. Joseph　90, 91
シラス　cirrus　52

水素原子　hydrogen atom　42, 55
　──再結合線
　　hydrogen recombination line　54
水素燃焼　hydrogen burning　124, 125
スーパーウインド　superwind　32, 64, 77
スケールファクター　scale factor　133, 134
スターバースト
　　starburst　26, 31, 33, 57, 67
　──銀河　starburst galaxy　31
ステファン　M. E. Stephan　101
　──の五つ子　Stephan's Quintet　101
すばる　Pleiades　27
　──望遠鏡　Subaru Telescope　27
スフェロイド　spheroid　84, 85
　──成分　spheroid component　12
スペクトル・エネルギー分布
　　spectral energy distribution　58
スペクトル型　spectral type　127
星雲　nebula　4
星間ガス　interstellar gas　26, 138
星間吸収　interstellar reddening　138
星周ガス　interstellar gas　52
星周ダスト　circumstellar dust　55
清少納言　Sei Shounagon　27
赤外線銀河　infrared galaxy　59, 60
赤外線源　interstellar gas　53
赤外線天文衛星（IRAS）
　　Infrared Astronomical Satellite　57, 59
赤外線放射　infrared radiation　51
赤色巨星　red giant　26, 52
赤方偏移　redshift　34, 36, 41-43, 74, 130
赤化　reddening　138
絶対等級　absolute magnitude　136
セファイド型変光星　Cepheid variable　5
早期型円盤銀河　early-type disc galaxy　8
早期型銀河　early-type galaxy　36, 37
相互作用銀河　interacting galaxy　97

【た行】
ダークマター
　　dark matter　13, 15, 22, 85, 106-108
大質量星　massive star　22, 25, 41, 44

ダイナミカル・フリクション
　　→　力学的摩擦
大マゼラン雲
　　Large Magellanic Cloud（LMC）　113
太陽　Sun　3
太陽質量　solar mass　25
太陽風　solar wind　52
楕円銀河　elliptical galaxy
　　2, 7, 8, 10, 77, 82, 83, 94, 111
　──の多様性
　　variety of elliptical galaxy　16
多重合体　multiple merger　88, 89
ダスティ・トーラス　dusty torus　53-54
ダスト　dust　6, 50, 51, 55, 76
　──による光の吸収
　　absorption by dust grain　50
　──による光の散乱
　　scattering by dust grain　50
小さなダスト　small dust grain　51
中間赤外線　mid-infrared radiation　52
中性原子ガス　neutral atomic gas　6
中性子星　neutron star　128
超高光度赤外線銀河（ULIRG）
　　Ultraluminous Infrared Galaxies　60
超新星　supernova　26, 31
　──爆発　supernova explosion　31, 75
潮汐相互作用　tidal interaction　140
潮汐力　tidal force　111, 116, 140
超大質量ブラックホール
　　supermassive black hole　62, 117
塵粒子　dust　→　ダスト
ディープサーベイ　deep survey　42, 68
天文単位　astronomical unit　11
電離　ionization　129
　──ガス星雲　ionized gas nebula　30
　──ガス領域　ionized gas region　29
等級　magnitude　136
毒蜘蛛星雲　Tarantula Nebula　29
ド・ジッター宇宙　de Sitter universe　134
トップ・ダウン　top down　73, 74
ドップラー効果
　　Doppler effect　130, 131

ド・ボークルール　G. de Vaucouleurs
　　16, 17, 82, 90, 91
　──の$r^{1/4}$則　82, 83
ドレスラー　A. Dressler　37, 40
ドロップアウト　dropout　42, 48

【な行】

II型超新星　type II supernova　128
熱平衡状態　thermal equilibrium　51
年周視差　annual parallax　11

【は行】

ハーシェル　W. Herschel　4
パーセク　parsec　11
パートリッジ　R. B. Partridge　41, 58
ハイパー赤外線銀河
　　hyper luminous infrared galaxy　69, 70
白色矮星　white dwarf　127
ハクラ　J. P. Huckra　104
箱型楕円銀河
　　boxy elliptical galaxy　94-96
波長帯　waveband　138
ハッブル　E. Hubble　5, 8, 9, 10, 12
　──の宇宙膨張則
　　Hubble's expansion law　34
　──の法則　Hubble's law　132
ハッブル宇宙望遠鏡
　　Hubble Space Telescope　37
ハッブル距離　Hubble distance　132
ハッブルタイプ　Hubble type　12
ハッブル・ディープ・フィールド
　　Hubble Deep Field (HDF)
　　44-47, 71, 72, 97
ハッブル定数
　　Hubble constant　60, 106, 132-135
ハッブル年齢　Hubble age　132
ハッブル半径　Hubble radius　132
ハッブル分類　Hubble classification
　　8, 9, 18, 115
ばら星雲　Rosette Nebula　56
バルジ　bulge　8, 12, 83, 84
　──と円盤の光度比
　　bulge-to-disc luminosity ratio　13

バルマー線　Balmar line　130
ハロー　halo　27, 85
晩期型円盤銀河　late-type disc galaxy　8, 9
ピーブルス　P. J. E. Peebles　41, 58
ヒクソン　P. Hickson　101
ビッグバン　big bang　74
　──宇宙論　big bang cosmology　75
表面輝度　surface brightness　82, 83, 94
　──分布
　　surface brightness distribution　86
貧血渦巻銀河　anemic spiral galaxy　14
ファン・デン・バーグ
　　S. van den Bergh　14, 15, 97
フィールド銀河　field galaxy　39, 40
フィラメント　filament　23
フーリエ成分　Fourier component　95
不規則銀河　irregular galaxy　3, 12, 91
ブッチャー　H. Butcher　35
　──・エムラー効果
　　Butcher-Oemler effect　36-37, 39, 40
プラズマ　plasma　103
ブラックホール　black hole　128
プランク関数　Planck function　126
フリードマン宇宙
　　Freedmann universe　135
　──宇宙モデル　Friedmann model　134
プレアデス　Pleiades　27
分子ガス　molecular gas　6
　──雲　molecular gas cloud　22
ヘルツシュプルング-ラッセル図
　　Hertzsprung-Russel diagram　128
ベンダー　R. Bender　94, 96
ボイド　void　105
棒渦巻銀河　barred spiral galaxy　3, 91, 115
棒状構造　bar structure
　　8, 16, 85, 91, 115, 116, 120
星生成率　star formation rate　72
星の一生　life of star　25
星の質量関数　mass function of stars　25
星の集団発生　burst of star formation　32
星の寿命　lifetime of star　127
星の進化　stellar evolution　127
星のゆりかご　cradle of star　32, 56

ボトム・アップ　bottom up　73, 74, 106

【ま行】
見かけの等級　apparent magnitude　136
密度パラメータ
　density parameter　60, 133-135
密度揺らぎ　density fluctuation　74
ミルン宇宙　Milne model　60, 134
むら　fluctuation　23

【や行】
吉井謙　Yuzuru Yoshii　77

【ら行】
ライマン α　Lyman α　48, 77
　――・ブロッブ　Lyman α blob　79
ライマン線　Lyman line　130
ライマン端　Lyman limit　42, 47
ライマン・ブレーク銀河
　Lyman break galaxy　44, 77
力学的緩和時間
　dynamical relaxation time　10
力学的摩擦　dynamical friction　115
リング　ring　16
　――構造　ring structure　85
ルックバックタイム　look back time　135
ルッド　H. J. Rood　102
　――・サストリー分類
　Rood-Sastry cassification　102
レンズ状銀河　lenticular galaxy　9
連星　binary star　28
ローワン-ロビンソン
　M. Rowan-Robinson　65

ロックマンホール　Lockman hole　68, 71

【わ行】
矮小銀河　dwarf galaxy　108, 109, 113
矮小楕円銀河
　dwarf elliptical galaxy 110, 113
惑星状星雲　planetary nebula　3, 26

【欧文】
AGN　Active Galactic Nucleus
　　44, 53, 62-64
cD銀河　cD galaxy　102
COBE　Cosmic Background Explorer　74
Hα線　Hα line　50, 54
HDF　Hubble Deep Field
　→　ハッブル・ディープ・フィールド
IRAS　Infrared Astronomical Satellite　59
ISO　Infrared Space Observatory　68
Jドロップアウト　J dropout　47
JCMT　James Clerk Maxwell Telescope　70
NGC　New General Catalogue of
　Nebulae and Star Clusters　3
PAH　Polycyclic Aromatic Hydrocarbon　52
Rドロップアウト　R dropout　47
RC3　Reference Catalog of Bright Galaxies
　(3rd edition)　90, 91, 93
S0銀河　S0 galaxy　7, 9, 10, 13, 102
SAC　Shapley-Ames Catalog　97
S字暗黒星雲　S-shape dark nebula　55, 56
ULIG　Ultraluminous Infrared Galaxies　59
ULIRG　Ultraluminous Infrared Galaxies　59
Uドロップアウト　U dropout　47

著者紹介

谷口義明（たにぐち・よしあき）
1954年北海道生まれ／高校までは北海道旭川在住／1973年東北大学理学部入学／1978年東北大学大学院入学・天文学を専攻／日本学術振興会奨励研究員・特別研究員を経て／1987年東京天文台助手／1988年東京大学理学部天文教育センター助手・木曾観測所勤務／1991年東北大学理学部助教授／電波からX線までほとんどすべての波長にわたる国内外の最先端観測装置を駆使して活動銀河核の観測的研究を進めつつ最近は銀河の形成・進化に関する研究も行なっている

銀河の育ち方
宇宙の果てに潜む若き銀河の謎

2002年4月10日　初版第1刷

著　者　谷口義明
発行者　上條　宰
発行所　株式会社 地人書館
　　　　〒162-0835 東京都新宿区中町15
　　　　TEL 03-3235-4422　FAX 03-3235-8984
　　　　URL http://www.chijinshokan.co.jp
　　　　E-mail KYY02177@nifty.ne.jp
　　　　郵便振替口座　00160-6-1532
編集制作　石田　智
印刷所　　平河工業社
製本所　　イマヰ製本

JCLS 〈㈱日本著作出版権管理システム委託出版物〉
本書の無断複写は著作権法上での例外を除き禁じられています。複写される場合は、そのつど事前に㈱日本著作出版権管理システム（電話 03-3817-5670、FAX 03-3815-8199）の許諾を得てください。

© Yoshiaki Taniguchi 2002. Printed in Japan.
ISBN4-8052-0703-5 C3044